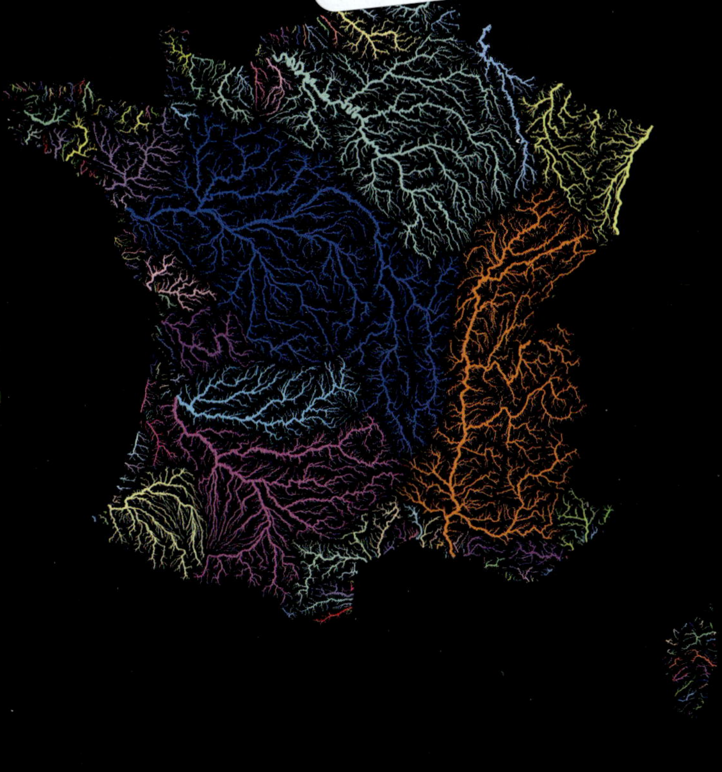

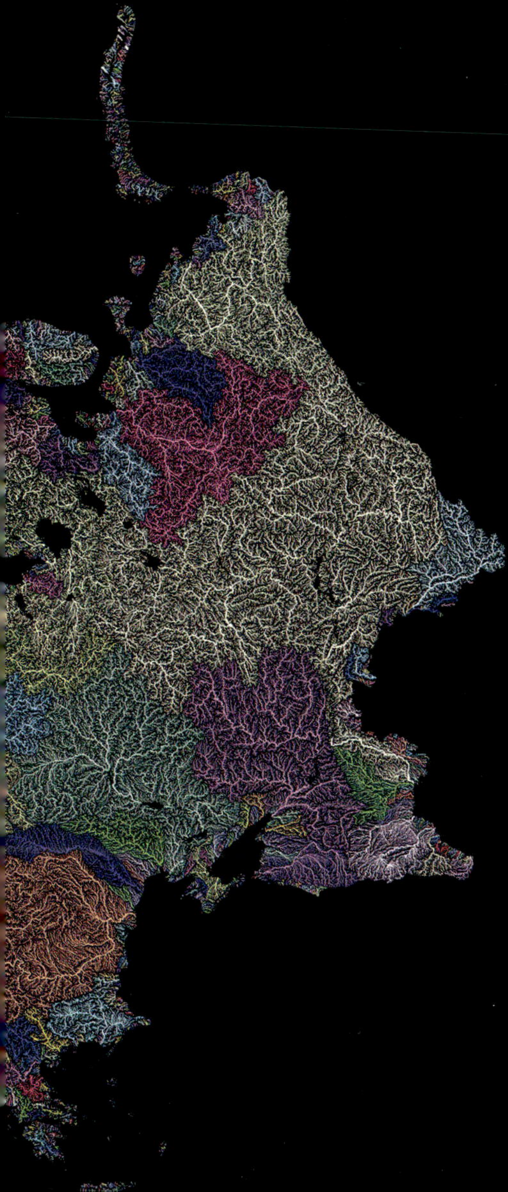

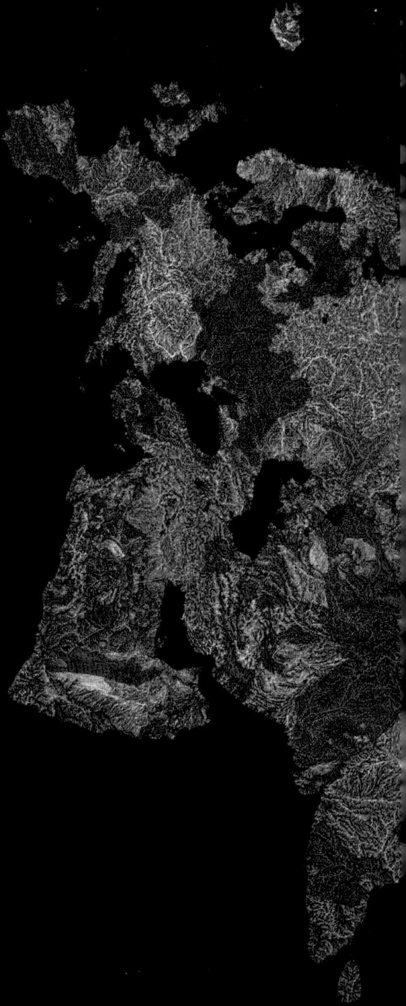

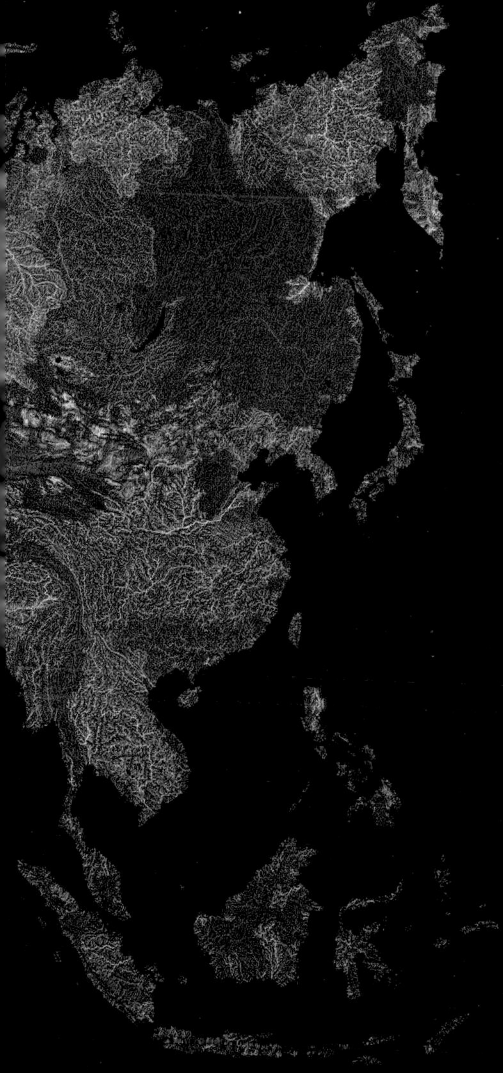

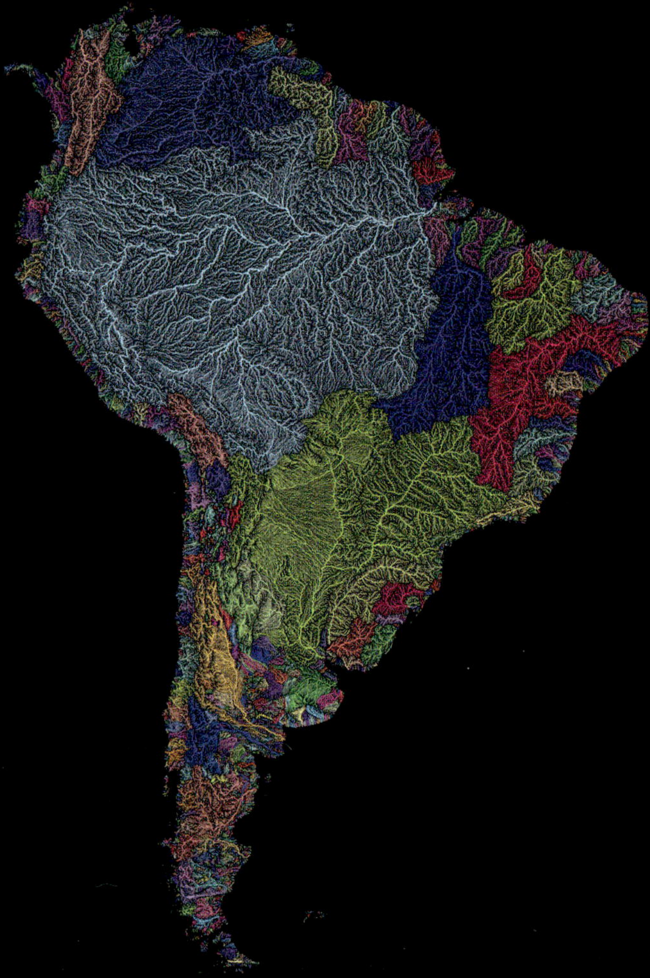

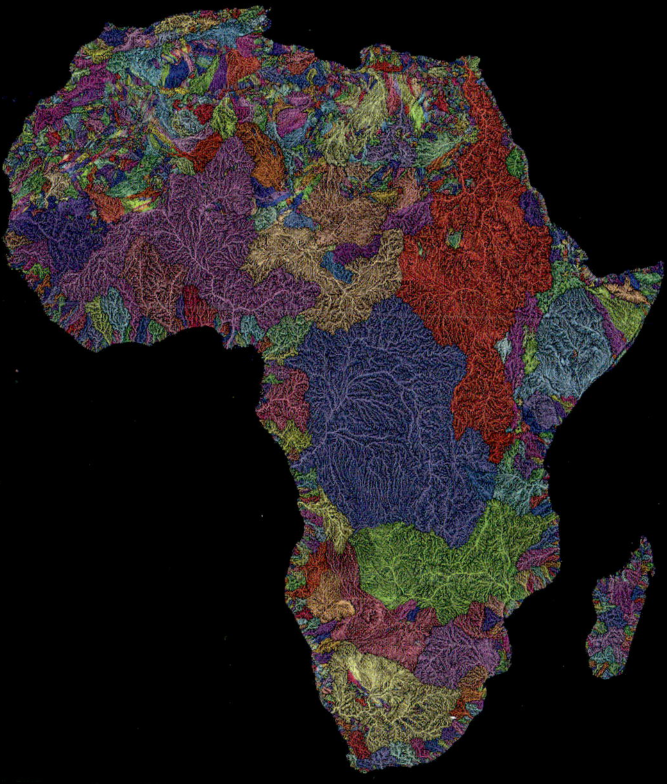

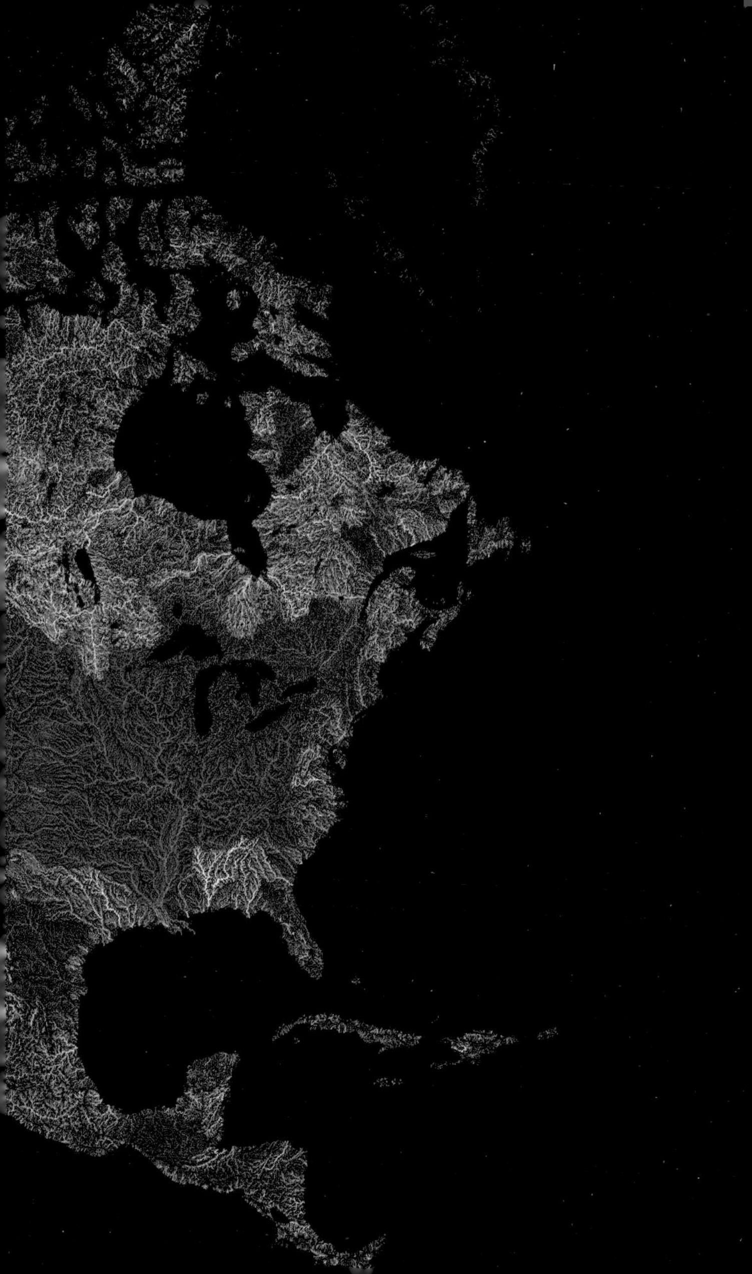

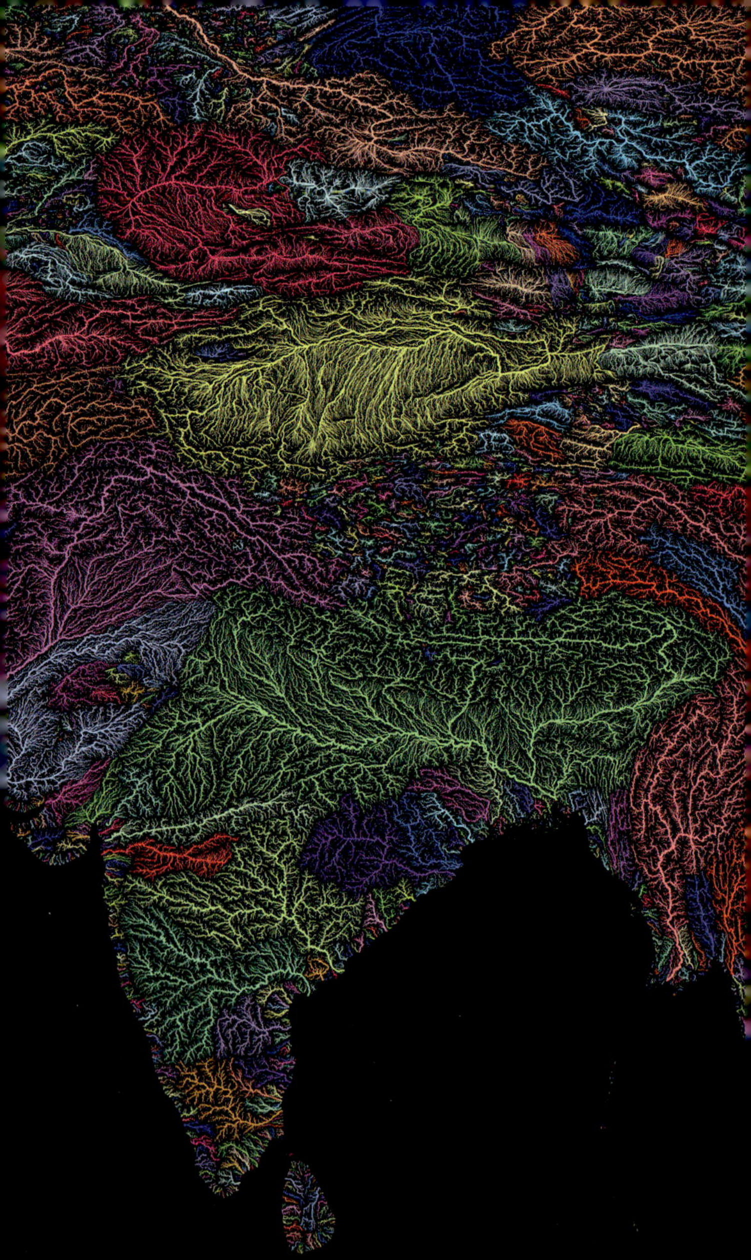

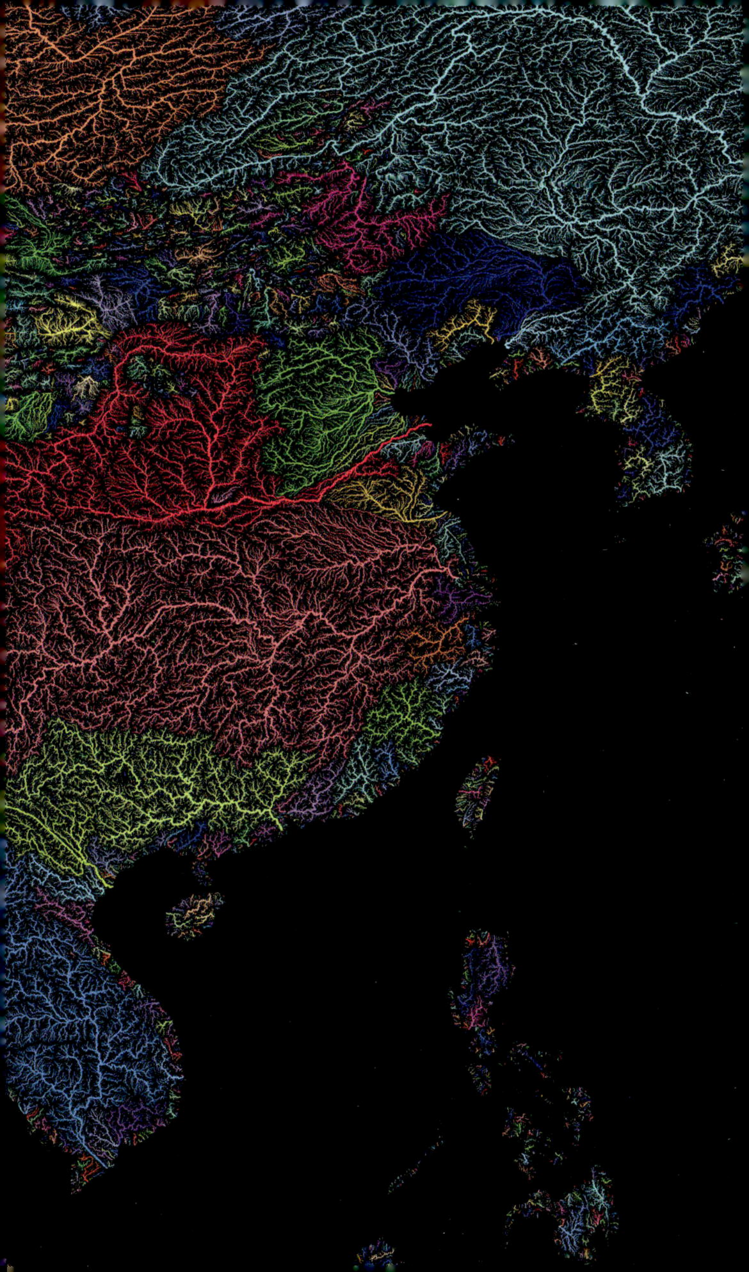

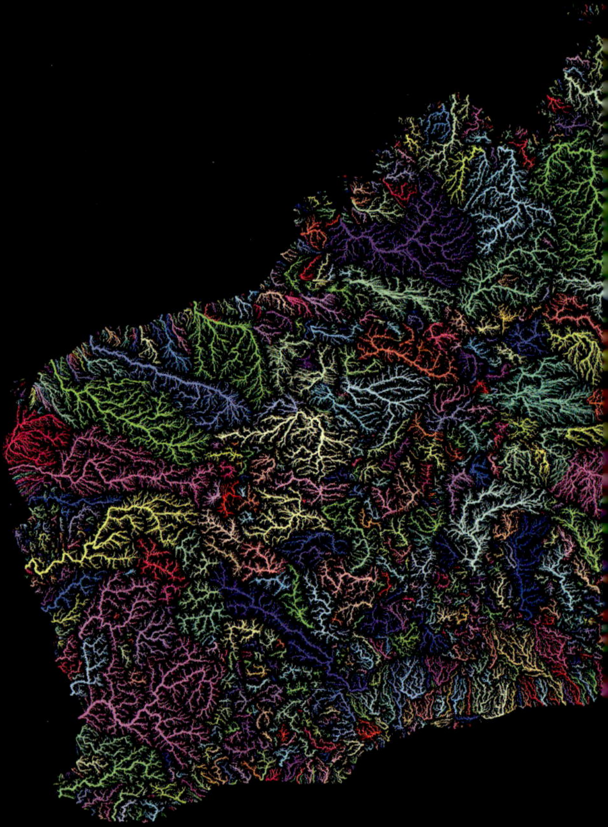

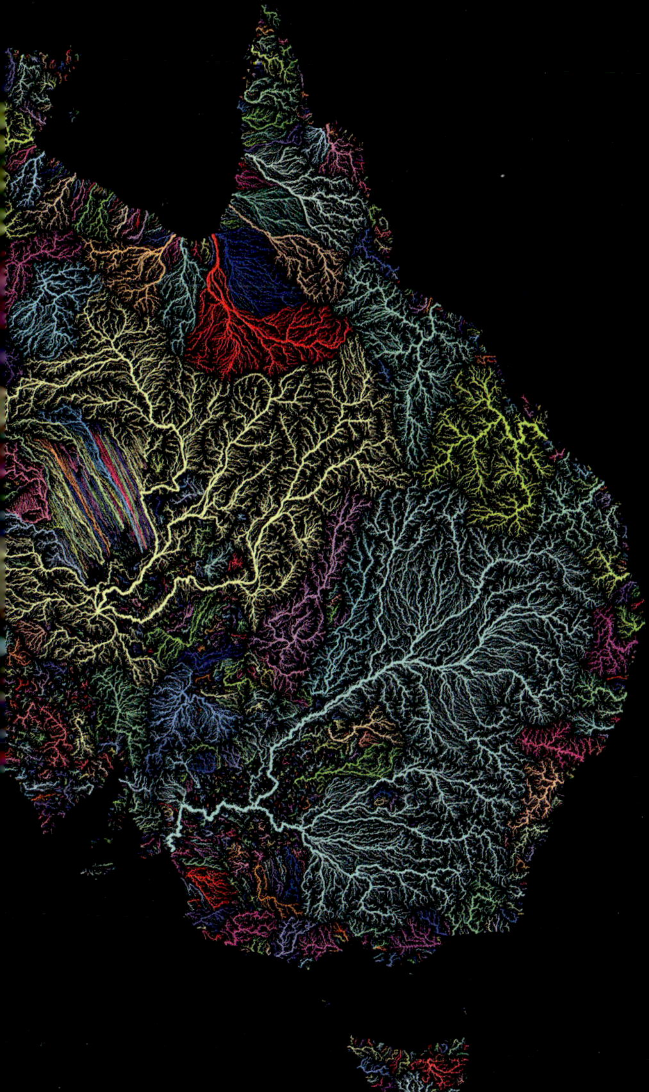

Petite bibliothèque
d'écologie populaire

*fondée par
Baptiste Lanaspeze
et Marin Schaffner*

LES VEINES DE LA TERRE

Des mêmes auteurs

Qu'est-ce qu'une biorégion ?
Marseille, éd. Wildproject, 2021

Suivi éditorial : Georgia Froman

Cartes en début d'ouvrage créées par Grasshopper Geography

ISBN 978-2-381140-100

LES VEINES DE LA TERRE

Une anthologie des bassins-versants

Éds.
Marin Schaffner
Mathias Rollot
François Guerroué

Wildproject

« Ce sont les trajets de l'eau
qui font les formes de la terre. »

Jim Harrison,
Théorie et pratique des rivières

Table

Introduction
Lire les veines de la Terre

Depuis l'aube des temps, la vie se déploie en suivant les bassins-versants. Sortis de la mer, les premiers êtres terrestres ont suivi les rivières. Littoraux, fleuves côtiers, confluents, torrents et sources : c'est en remontant les courants que les vivants ont fait corps avec les sols, et c'est dans l'autre sens que toute descendance prend ses distances – tissant ainsi les différents réseaux hydrographiques du monde d'une infinité de formes de vie interdépendantes. L'eau est donc le sang de la Terre et son liquide amniotique. Humide souffle de vie. Tout vivant en a besoin pour se perpétuer dans son être et se reproduire – microbes, champignons, plantes, animaux… aucun ne fait exception.

Cette petite anthologie, subjective et non exhaustive, a pour but de nous immerger dans les réalités multiples de ces « bassins-versants » qui dessinent les vallées des quatre coins du monde. Un bassin-versant est l'espace à l'intérieur duquel s'écoulent un cours d'eau et ses affluents sur un ensemble de versants (crêtes, dénivelés et talwegs[1]). Toutes les eaux dans cet espace convergent vers un même point, qu'on appelle exutoire. Chaque bassin-versant est limité par une *ligne de partage des eaux* – les eaux de pluie de part et d'autre de cette ligne

---

1. Un talweg (de l'allemand *Thalweg*, littéralement « chemin de la vallée ») est la ligne formée par les points ayant la plus basse altitude, soit dans une vallée, soit dans le lit d'un cours d'eau. On l'appelle aussi *ligne de collecte des eaux*.

s'écoulant dans deux directions différentes. Enfin, chaque bassin-versant se subdivise en un certain nombre de bassins élémentaires (parfois appelés « sous-bassins-versants »), qui correspondent à la surface drainée par chacun des affluents se jetant dans le cours d'eau principal.

Ainsi, les bassins-versants, selon un motif arborescent, sont des continuités hydrographiques qui – depuis des sources d'altitude – relient tous les écoulements jusqu'aux mers et aux océans. Par extension, ils sont aussi des corridors biologiques, et donc des continuités écologiques, distribuant les habitats d'une part importante des vivants. L'ensemble de ces réseaux dessine métaphoriquement les veines de la Terre. Gaïa, notre planète, s'y révèle indéniablement comme un être vivant, une sorte de superorganisme[2]. De ce point de vue, la connaissance des bassins-versants paraît fondamentale pour vivre en harmonie avec les milieux de vie et en prendre soin. C'est ce qu'ont fait et font encore toutes les populations autochtones du monde.

L'eau est tout un imaginaire, une source d'inspiration immémoriale des communautés humaines. La poésie de l'eau, les émotions qu'elle nous procure, sa fluidité comme sa force habitent nos cosmologies collectives partout sur la planète : fontaine de Jouvence ou déluge, naïades et ondins, Iemanja, Narcisse et tant d'autres… Les allégories et les pou-

2. Ou, pour reprendre les termes de l'hypothèse Gaïa de James Lovelock : « un système physiologique dynamique qui inclut la biosphère et maintient notre planète depuis plus de trois milliards d'années en harmonie avec la vie » (*La Terre est un être vivant. L'hypothèse Gaïa*, traduction de Paul Couturiau et Christel Rollinat, Flammarion, 1999).

voirs de l'eau sont des repères à la fois naturels et culturels qui soutiennent nos mondes physiques et spirituels.

Lieux d'établissement privilégiés des humains, les cours d'eau subissent aussi nos démesures – étalement urbain, infrastructures lourdes, pollution. Progressivement artificialisés (irrigation, écluses, barrages, canaux, réseaux d'eau potable, etc.), les bassins-versants sont à la fois des témoins des bouleversements en cours et une partie non négligeable de la solution. Repenser nos modes de vie depuis ces bassins-versants – tel que le propose notamment le biorégionalisme – serait une manière efficace de réancrer nos modes de vie quelque part sur la biosphère, d'opérer un ralentissement général et d'enrayer le désastre. Ce sont des enjeux profonds de justice écologique autant que de justice sociale.

Dans une approche à la fois théorique et sensible, ce recueil de textes propose d'explorer différentes facettes de ce que sont les bassins-versants, de ce qu'ils représentent pour la vie terrestre et de ce qu'ils inspirent aux communautés humaines. Du géographe libertaire Élisée Reclus (France) à l'écoféministe Vandana Shiva (Inde), du biorégionaliste Peter Berg (États-Unis) à l'ostréiculteur Hatakeyama Shigeatsu (Japon), nous espérons que ce petit voyage dans les textes dévoilera combien la conscience des bassins-versants est un outil opérant pour comprendre les crises écologiques et les combattre activement.

Partie 1

Géographies de bassins-versants

De la source à l'estuaire, tout bassin-versant est une entreprise cartographique. C'est une autre manière de voir le monde. Et depuis toute cette eau – qui compose près de 80 % de notre planète bleue, comme de notre corps humain –, les bassins-versants dessinent des géographies nouvelles dans lesquelles il convient de s'immerger.

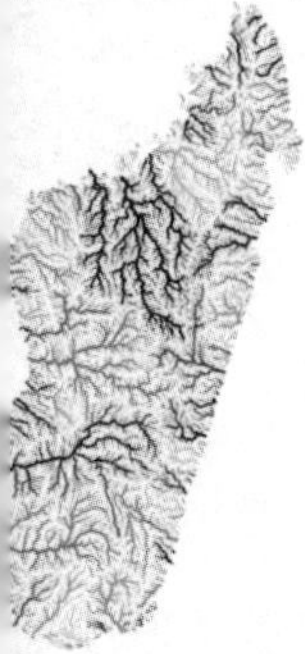

Des humains et des fleuves

Élisée Reclus,
Histoire d'un ruisseau, 1869

Au milieu du 19e siècle, alors qu'Ernst Haeckel forgeait le terme « écologie », de nombreux écrits existaient déjà qui s'intéressaient aux dimensions sensibles et politiques du soin des entités naturelles. Élisée Reclus (1830-1905), grand géographe libertaire français, livrait alors son Histoire d'un ruisseau, *ouvrage marquant par sa prise en compte précoce de l'importance des continuités écologiques.*

« La masse entière du fleuve n'est autre chose que l'ensemble de tous les ruisseaux, visibles ou invisibles, successivement engloutis : c'est un ruisseau agrandi des dizaines, des centaines ou des milliers de fois, et pourtant il diffère singulièrement par son aspect du petit cours d'eau qui serpente dans les vallées latérales. Comme le faible tributaire qui mêle un humble courant à sa puissante masse, il peut avoir ses chutes et ses rapides, ses défilés et ses entonnoirs, ses bancs de cailloux, ses écueils et ses îlots, ses berges et ses falaises ; mais il est beaucoup moins varié que le ruisseau, et les contrastes qu'il offre dans son régime sont beaucoup moins saisissants. Plus grand, il nous étonne par le volume de ses eaux, par la force de son courant ; mais il reste uniforme et presque toujours semblable à lui-même dans sa majestueuse allure. Plus pittoresque, le ruisseau disparaît et reparaît tour à tour : on le voit fuir sous les ombrages, s'étaler dans un bassin, puis encore plonger en cascade comme une gerbe de rayons pour s'engouffrer de nouveau dans un trou noir. Mais non seulement le ruisseau est supérieur au fleuve par l'imprévu de sa marche, par la beauté de ses rivages, il l'est aussi par la fougue relative de ses eaux : proportionnellement à sa petite taille, il est bien autrement fort que la grande rivière des Amazones pour affouiller ses rives, modifier ses méandres, déposer des bancs de sable ou bâtir des îlots. C'est par ses agents les plus faibles que la nature révèle le mieux sa force. Vue au microscope, la gouttelette qui s'est formée sous la roche accomplit une œuvre géologique proportionnellement bien plus grande que celle de l'océan sans bornes.

De son côté, l'homme a su jusqu'à maintenant beaucoup mieux utiliser les eaux du ruisseau que celles du grand fleuve. À peine la millième partie de sa force est employée pour l'industrie ; ses eaux, loin de se déverser sur les campagnes en canaux fécondants, sont au contraire bordées de digues latérales et retenues inutilement dans leur lit. Tandis que le ruisseau appartient déjà dans l'histoire de l'humanité à la période industrielle, qui de toutes est la plus avancée, le fleuve ne représente guère qu'une époque déjà très ancienne des sociétés, celle où les cours d'eau ne servaient qu'à faire flotter des embarcations. Encore, cette utilité diminue-t-elle constamment de nos jours en importance relative, à cause des routes carrossables et des chemins de fer qui facilitent les transports dans les campagnes riveraines. Avant que l'agriculteur et l'industriel puissent avec confiance faire travailler les eaux du fleuve à leur profit, il faut qu'ils cessent d'en craindre les écarts et soient maîtres d'en régler le débit suivant leurs besoins. Et même quand la science leur fournira les moyens d'apprivoiser le fleuve et de le mener en laisse, ils seront impuissants tant qu'ils resteront isolés dans leurs travaux et ne s'associeront pas afin de régulariser de concert la force encore brutale de la masse d'eau qui coule presque inutile devant eux. Comme nos ancêtres, nous sommes toujours forcés de regarder le fleuve avec une sorte de terreur religieuse, puisque nous ne l'avons pas dompté. Ce n'est point, comme le ruisseau, une gracieuse naïade à la chevelure couronnée de joncs ; c'est un fils de Neptune qui de sa formidable main brandit le trident.

Pour contempler dans toute sa majesté un de ces puissants cours d'eau, et comprendre qu'on a sous nos yeux une des forces en mouvement de la Terre, il n'est pas besoin de faire un long voyage, de traverser l'Ancien Monde et d'aller visiter près de leur embouchure le Brahmapoutrah et le Yang-Tsé-Kiang, tous les deux fils d'un dieu ; il n'est pas besoin non plus de franchir l'Atlantique et de voyager sur le Mississippi, sur l'Orénoque ou le fleuve des Amazones, large comme une mer et semé d'archipels. Il suffit, dans les limites mêmes du pays que l'on habite, de suivre les bords d'un de ces cours d'eau qui se ralentissent et s'étalent largement approchant de l'estuaire où leur flot tranquille va se mêler aux vagues de l'océan. Qu'on aille visiter la basse Somme ou la Seine près de Tancarville, la Loire entre Paimbœuf et Saint-Nazaire, la Garonne et la Dordogne à l'endroit où elles se réunissent pour former la mer de Gironde ! Qu'on aille surtout à la pointe septentrionale de la Camargue, là où le Rhône se partage en deux bras ! [...]

Arrivé sur ce domaine qui fut autrefois celui de l'océan, le fleuve, graduellement ralenti, s'étale de plus en plus et devient en même temps moins profond. Enfin, il approche de la mer, et ses eaux douces, glissant en nappe tranquille, vont se heurter contre les vagues écumeuses de l'eau salée, qui se déroulent avec un bruit de tonnerre continu. Dans le conflit des masses liquides entrechoquées, l'eau du fleuve s'est bientôt mélangée aux flots de l'immense gouffre, mais en se perdant, elle travaille encore. Tous les nuages de boue qu'elle avait pris sur ses bords et qu'elle tenait en suspension sont repoussés par les vagues dans le lit fluvial ; ne pouvant aller plus avant, ils se déposent sur le fond et forment ainsi une sorte de rempart mobile servant de limite temporaire entre les deux éléments en lutte. Tout en se déposant molécule à molécule, le banc, qui obstrue la bouche du fleuve, ne cesse de se déplacer pour se reformer plus loin ; poussées par le courant fluvial, incessamment grossies par de nouveaux apports, les boues sont entraînées plus avant dans la mer, et peu à peu la masse tout entière se trouve avoir progressé. De siècle en siècle, d'année en année, de jour en jour, ce fleuve, qui semblait impuissant contre l'immense mer, empiète néanmoins sur elle, et l'on peut même calculer de combien il avancera dans une période donnée, tant sa marche est uniforme. Eh bien ! Cette victoire du fleuve sur l'océan, ce sont les mille petits ruisseaux et ruisselets des coteaux et des monts qui la remportent. Ce sont eux qui ont rongé les parois des défilés, eux qui roulent les quartiers de roches, qui froissent et broient les cailloux, qui entraînent les sables et délayent les argiles. Ce sont eux qui abaissent peu à peu les continents pour les étaler dans la mer en vastes plaines où tôt ou tard l'homme creusera ses ports et bâtira ses villes.

En amont de toute ville

Patrick Geddes,
« L'étude géographique des villes », 1904

Au début du 20ᵉ siècle, un biologiste et sociologue écossais tentait de montrer comment les établissements humains (villes et villages) s'ancrent toujours dans des réalités naturelles qui les dépassent. Célèbre pour le plan en coupe de sa « Section de vallée », Patrick Geddes (1854-1932) replaçait alors nos lieux de vie au cœur des bassins-versants.

« Cette enquête sur la ville, par où la commencer de façon concrète ? Pour la variété et l'ampleur de ses activités civiques – et grâce notamment au travail de M. Charles Booth et de ses collaborateurs dans le domaine de l'enquête sociale proprement dite –, Londres peut naturellement revendiquer une certaine prééminence. Pourtant, même dans le meilleur des cas, cette ville, la plus vaste du monde, ne reste-t-elle pas un labyrinthe plus ou moins brumeux, dont on ne peut que vaguement décrire les régions environnantes avec leurs villes plus petites – et ce, même en cherchant à éviter les généralisations faciles sur les « provinces » ? Pour notre étude plus générale et comparative, des débuts plus simples sont donc préférables. Ainsi, pour notre thèse fondamentale – celle des groupements d'hommes (qui n'est pas moins précise que l'étude des races, des usages ou des langues) –, il est préférable d'avoir une vision plus claire, plus panoramique d'une région géographique précise, par exemple celle qui se trouve sous nos pieds lors d'un séjour en montagne. Sous les vastes terrains de chasse inhabités se trouvent les collines pastorales, et encore plus bas, des cultures arables dispersées et des hameaux éparpillés nous conduisent au petit village d'altitude du vallon principal : de là, on descend à nouveau vers le grand village prospère des contreforts et son terminus ferroviaire, là où la plaine et la montagne se rencontrent. À l'est ou à l'ouest, chaque vallée de montagne a, sur sa pente fertile en forme d'éventail, un village initial et un village terminal analogues, chacun avec son petit marché ; tandis que, au centre de la large bande agricole, avec sa rivière aux méandres lents, se trouve le bourg prospère, le carrefour routier et ferroviaire sur lequel convergent tous les différents villages de la vallée. Un jour de marche plus loin en aval, à la convergence de plusieurs de ces vallées, se trouve la plus grande ville du comté – dans la région que j'ai sous les yeux au moment où j'écris –, une ville d'une importance supplémentaire, car elle est non seulement proche du centre de l'Écosse, mais aussi à la limite de marnage d'une rivière jusqu'à récemment navigable. Enfin, à l'embouchure de son estuaire s'élève la fumée d'une grande ville industrielle qui est, à sa manière, un marché central mondialisé.

Un tel système fluvial est, comme l'ont fait remarquer les géographes les uns après les autres, l'unité essentielle pour l'étudiant des villes et des civilisations. C'est pourquoi cette méthode géographique simple doit être considérée ici comme fondamentale pour un traitement réellement ordonné et comparatif de notre sujet. En descendant de la source à la mer, nous suivons l'évolution de la civilisation, de ses origines simples à ses résultats complexes ; aucun élément ne peut être omis. Si nous devions commencer par le hameau paysan comme unité initiale, et oublier les arrière-pays de pâturage, de forêt et de chasse (une erreur à laquelle celui qui écrit sur les villes est naturellement enclin), l'anthropologue nous rappellerait bientôt qu'en oubliant le chasseur, nous avions omis le germe essentiel du militarisme actif, et donc du régime aristocratique plus largement. De même, en ignorant la vie pastorale, nous perdrions de vue une source principale de pouvoir spirituel, et ce non seulement en ce qui concerne les religions historiques, mais aussi tous les éléments culturels ultérieurs, du poétique à l'éducatif. En bref, il faut donc toute la région pour faire la ville. De même que le fleuve transporte les contributions de tout son cours, de même chaque communauté complexe, à mesure que nous descendons, est modifiée par ses prédécesseurs. L'inverse est sans doute vrai aussi, mais généralement à un degré moindre.

De cette façon, avec le géographe, nous pouvons rapidement revoir et étendre nos connaissances sur le regroupement des villes. Une telle étude d'une série de nos propres bassins fluviaux, de la Dee à la Tamise par exemple, et de quelques grands bassins continentaux, comme le Rhin et la Meuse, la Seine et la Loire, le Rhône, le Pô, le Danube – et, si possible, en Amérique aussi, au moins l'Hudson et le Mississippi – sera la meilleure introduction à l'étude des villes. La comparaison de typologies qui se correspondent permet d'emblée de se convaincre de la grande unité générale de développement, de structure et de fonction de toute ville. Ainsi, avec Metchnikoff, nous reconnaissons la succession des civilisations fluviales, maritimes et océaniques ; avec Reclus, nous constatons que la répartition régulière des villes mineures et majeures a été largement influencée non seulement par des positions géographiques mais aussi par des distances de voyage commodes. Là encore, nous constatons que les exigences de la défense et du gouvernement, l'évolution de la religion, malgré toutes les diversités historiques, ont été fondamentalement les mêmes. Il ne faut pas oublier, bien sûr, comment le gouvernement, le commerce et les communications ont concentré, altéré ou du moins déguisé la simplici-

té géographique fondamentale de cette hiérarchie descendante de la montagne-hameau à l'océan-métropole ; mais il est utile pour l'étudiant de retrouver constamment le point de vue élémentaire et naturaliste même dans les plus grandes villes.

Nous considérons parfois Londres comme une agglomération de villages, avec leurs vestiges communs, autour d'un port maritime médiéval ; ou nous devinons même dans la plus grande magnificence de Paris (par exemple sa place de l'Étoile), à la fois des enfilades de boulevards et le rendez-vous des chasseurs près de l'arbre tombé et ses radiales forestières, chacune littéralement droite comme une flèche. Ainsi, l'étroit réseau rectangulaire d'une ville américaine ne s'explique que par la persistance irréfléchie de l'économie paysanne – qui jalouse les

Image : « La section de vallée : distribution des activités, et types d'implantations correspondantes. »

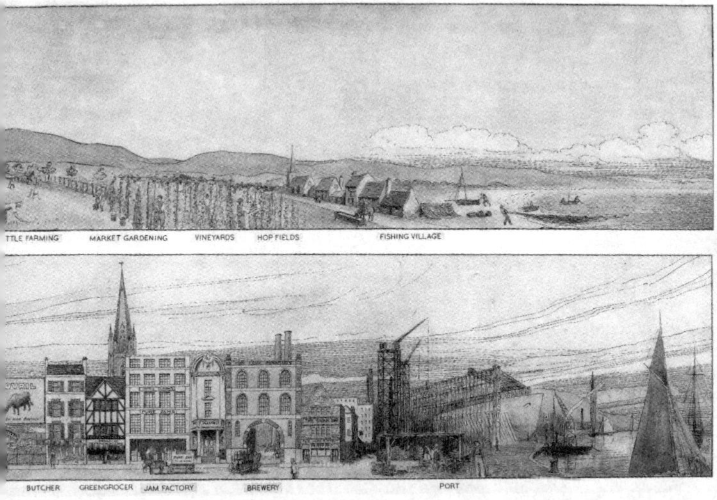

bonnes terres sous la route, et est suspicieuse des raccourcis obliques. En bref, donc, dans ce qui semble être notre urbanisme le plus étudié, nous continuons à construire à partir de nos instincts hérités, comme les abeilles. Notre étude des villes est donc encore loin d'une sociologie appliquée.

Sédiments de territoire

Kirkpatrick Sale,
L'Art d'habiter la Terre, 1985

Dans les années 1970 aux États-Unis apparaissait l'idée de « biorégion » – c'est-à-dire la recomposition des territoires depuis d'autres caractéristiques biologiques et culturelles, dont les bassins-versants. Le journaliste Kirkpatrick Sale (né en 1937), dans un travail de théorisation et de synthèse, propose en 1985 de définir les milieux de vie depuis un entrelacement d'échelles temporelles et géographiques.

« Il est certes difficile de parler de hiérarchie en ce qui concerne les lois de Gaea[3]. Toutefois, il n'est probablement pas complètement absurde de penser qu'au sujet de l'échelle, la plus importante des règles est celle selon laquelle la surface de la Terre est organisée selon des régions naturelles plutôt qu'artificielles. Ces régions, bien

3. Kirkpatrick Sale justifie son choix de cette orthographe peu courante en expliquant que « [p]our les Grecs, Gaea en vint aussi à désigner la vie elle-même, la naissance et l'origine, et ainsi son nom se métamorphosa en *génos* – la vie –, d'où sont tirés les termes *genèse*, *gène*, *génital*, *génétique*, *génération*. La prise de conscience de ce fait permettra peut-être de populariser l'orthographe « Gaea », et sa juste prononciation « dji-ah », comme d'ailleurs le précisent bien la plupart des dictionnaires britanniques ». (*L'Art d'habiter la Terre*, pp. 34-35)

qu'elles puissent largement varier en taille, sont la plupart du temps bien plus limitées que celles définies par les frontières actuelles de nos pays.

La région naturelle est la biorégion, telle que définie par les qualités que Gaea y a établies, les *données* de la nature. Les frontières approximatives de n'importe quelle partie de la surface de la Terre sont davantage déterminées par des caractéristiques naturelles plutôt qu'imposées par les humains, se distinguant des autres zones par les particularités de leurs flore, faune, eau, climat, sols, reliefs et par les aménagements humains et les cultures que ces particularités ont permis de développer. Les limites entre de telles zones ne sont généralement pas figées – puisque la nature est flexible et fluide –, mais les contours généraux des régions elles-mêmes ne sont pas difficiles à identifier en utilisant des connaissances basiques en écologie. En effet, la plupart du temps, ces limites sont pressenties, comprises, ou même senties d'une certaine manière par beaucoup des habitants de la zone en question, en particulier ceux qui sont les plus proches de la terre – les fermiers, les propriétaires de ranchs, les chasseurs, marcheurs, pêcheurs, forestiers, écologistes, botanistes, et plus spécialement (pour l'Amérique) les tribus indiennes, toujours en phase avec leurs anciennes cultures qui, depuis des siècles, considèrent la terre sacrée et son bien-être impératif.

L'analyse précise des comportements de la nature d'un point de vue biorégional permet de découvrir des choses intéressantes. En effet, la cartographie physiographique des provinces, des végétations naturelles, des répartitions des sols, des ceintures de forêts, des types de climats, des systèmes fluviaux, des variations d'utilisations des terres – et de bien d'autres caractéristiques naturelles que les experts ont consciencieusement cartographiées –, laisse apparaître un résultat presque organique. Il s'avère alors que les biorégions ne sont pas uniquement de tailles différentes, mais qu'elles peuvent également être lues comme un casse-tête chinois, les unes intriquées dans les autres, tout cela formant un arrangement complexe de la plus grande à la plus petite, en fonction des caractéristiques naturelles dominantes.

Il s'agit d'une organisation compliquée, mais il est possible de se faire une idée générale de la fascinante structure de cet agencement, en partant de la biorégion la plus étendue pour arriver à la plus restreinte.

Éco-région. La plus grande région naturelle, dont la caractérisation dépend de la distribution élargie de la végétation et des types de sols, pourrait être appelée l'éco-région. C'est une immense zone, de plusieurs centaines de milliers de kilomètres carrés, qui recouvre (selon la configuration américaine) plusieurs États, ses contours étant principalement déterminés par l'étendue de ses arbres et graminées au moment où le développement naturel de la zone était au paroxysme de sa maturité et de sa stabilité. Bien que les frontières soient généralement assez imprécises à ce niveau, il a été identifié une quarantaine d'éco-régions au sein du continent nord-américain.

Le plateau de l'Ozark en est un bon exemple. Il recouvre 142 500 kilomètres carrés dont les démarcations sont clairement indiquées par le Missouri, le Mississippi et les fleuves de l'Arkansas, et s'élève à 600 mètres au-dessus des territoires alentour. Sa forêt naturelle, composée majoritairement de chênes et de noyers, se distingue des forêts de pins au sud, des prairies de hautes herbes à l'ouest, des dépôts non calcaires à l'est et des carrières de grès et d'argile au sud et à l'ouest. Il y a aussi le désert du Sonora, cette zone aride de peut-être 260 000 kilomètres carrés qui s'étend des collines sud de la Sierra Nevada et du désert du Mojave le long du golfe de Californie, jusqu'au fleuve Sonora et aux extrémités nord de la forêt du Sinaloa. Il se distingue dans sa végétation comme la province des créosotiers, des cactus saguaro et cardon, des jojobas, des ostryers et des ambroisies ; dans une vie animale indigène comme le territoire du mouflon, des antilopes et des colins de Gambel ; dans son climat comme une terre chaude et aride aux cycles bisannuels de sécheresse et de pluie.

Géo-région. Au sein de la très grande éco-région, il est possible de distinguer de plus petites biorégions, qui ont leur propre cohérence, que l'on identifie la plupart du temps grâce à des spécificités physiographiques claires telles que des bassins-versants, des vallées, des chaînes de montagnes ainsi que quelques caractéristiques florales et faunesques. Un bassin-versant – c'est-à-dire les branches et les vallées d'un système fluvial majeur – est un type particulièrement distinct de géo-région, très facilement repérable, avec une vie aquatique et fluviale le plus souvent spécifique à cette zone ainsi que des aménagements humains et une économie propres à ce même fleuve.

Au sein de l'éco-région de l'Ozark par exemple, le bassin-versant du fleuve White forme une géorégion à part, aisément repérable si on la survole, et la majeure partie du biote autour de ses lacs principaux – Beaver, Table Rock, Bull Shoals, Norfolk – se différencie, bien que parfois seulement de manière marginale, du reste de l'écorégion. La vallée centrale de Californie constitue une autre géorégion visible au sein de l'éco-région de la Californie du Nord. Il s'agit d'une étendue luxuriante d'environ 52 000 kilomètres carrés se situant le long des fleuves Sacramento et San Joaquin, dont la vie sauvage initiale, avant la dominance des agro-industries, comprenait des canards, des oies, des cygnes, des élans, des condors, des coyotes, des grizzlys et des antilopes, un mélange que les tribus indigènes de la région célébraient, justement pour sa particularité. La végétation et le climat de cette zone la rendent fort différente des forêts côtières, des collines de la Sierra et des montagnes Klamath avec lesquelles elle partage l'éco-région.

Morpho-région. Enfin, à certains endroits, la géorégion se divise en une série de plus petits territoires d'approximativement quelques milliers de kilomètres carrés que l'on peut identifier grâce aux formes de vie qu'on y trouve – villes et villages, mines et usines, champs et fermes – ainsi qu'aux formes du territoire qui en premier lieu permettent à ces formes particulières de voir le jour. Un bassin-versant, par exemple, va souvent changer de caractéristiques entre sa source et son embouchure ; avec lui changent les types d'activités humaines qui accompagnent le fleuve le long de son cours, et ainsi en va-t-il pour les variétés de cultures et d'agricultures humaines qui le suivent.

Le bassin du fleuve du Connecticut, pour prendre un exemple évident, est une longue et fertile biorégion qui court entre les montagnes Vertes et Blanches, du Canada jusqu'à la baie de Long Island. Bien qu'il s'agisse évidemment d'un bassin-versant cohérent, il présente une série de changements très visibles : au nord, lorsqu'il coupe à travers le territoire vallonné du Vermont et du New Hampshire, il est principalement étroit, la végétation de la forêt longe de près les bords du fleuve et les aménagements humains s'y font rares ; puis, lorsque la vallée s'élargit en dessous du fleuve Deerfield dans le Massachusetts, les collines et les forêts s'éloignent, si bien qu'apparaissent laiteries, productions de tabac ou de légumes qui s'étalent sur les deux bords du fleuve et croisent plusieurs grands bourgs ; puis enfin, lorsqu'il atteint les collines solides et résistantes du Meshomasic autour de Middletown, le fleuve à nouveau prend des airs sylvestres aux pentes escarpées, réduisant largement toutes installations humaines jusqu'aux villes en bord de mer autour du port de Saybrook.

*

De toute évidence, cette histoire d'identification biorégionale n'est pas simple, mais ces distinctions grossières sont suffisamment claires pour que n'importe qui, pour peu qu'il prenne la peine de s'y intéresser, les comprenne – personne ne peut se tromper sur le désert du Sonora ni sur le plateau de l'Ozark – et il est certainement préférable à ce stade du développement biorégional d'apprécier ces contours généraux, les limites approximatives des dessins de Gaea, plutôt que de trop se concentrer sur d'éventuelles délimitations élaborées et immuables. Quoi qu'il en soit, les frontières seront quasi systématiquement indistinctes puisque nous avons de toute façon affaire aux comportements irréguliers et changeants de la nature ; rien ne dira à l'achillée ou à l'aoûtat où sont censées être les limites exactes du plateau de l'Ozark, et rien ne confinera le charmant phénopèple aux contours précis du Bas-Sonora. Bien que cela aille à l'encontre de l'amour qu'ont les sciences pour la rigidité, l'avantage de conserver une imprécision dans la délimitation est bien réel : elle encourage un mélange, un brassage des cultures aux extrémités biorégionales, elle désamorce la possessivité défensive que les frontières fixes font si souvent naître, et de surcroît, elle limite la propension qu'ont les humains à imposer leurs lignes directrices et leurs finalités à la nature.

Par ailleurs, lorsqu'il s'agira ultimement de déterminer les frontières biorégionales adéquates, ce sera toujours aux résidents de la zone de le faire, aux habitants de cette terre, qui la connaîtront toujours le mieux. Il ne s'agit pas d'un processus si ésotérique ; au contraire, c'était même une réalité à ce point évidente qu'elle faisait partie intégrante de l'organisation des sociétés archaïques.

Cela apparaît de manière très claire dans le cas des Amérindiens qui s'installèrent les premiers sur le continent nord-américain. Puisqu'ils dépendaient de la terre pour subvenir à leurs besoins, et parce que leurs modes de vie variaient en fonction des types de territoires, ils s'étaient répartis selon ce que l'on reconnaît aujourd'hui précisément comme étant des limites biorégionales.

Prenons pour exemple l'agglomération des tribus parlant l'algonquien, le long de la côte est de l'Amérique du Nord. Avant l'invasion des Européens, leur territoire s'étendait du golfe du Saint-Laurent jusqu'à la baie de Chesapeake – de façon fort similaire à ce qu'un biorégionaliste reconnaîtrait comme étant l'éco-région des forêts de feuillus du nord-est, caractérisée par des bouleaux et des hêtres en plus de conifères, avec des sols constitués majoritairement de podzol et des précipitations annuelles de 114 à 119 centimètres, les plus importantes en juillet et les plus faibles en janvier. Au sein de ce large groupe linguistique, on trouvait plus d'une douzaine de tribus qui s'étaient installées avec succès, des siècles durant, sur des terres séparées selon des zones qui coïncident globalement avec ce qu'on appelle aujourd'hui des géo-régions. Les Pennacooks par exemple vivaient le long du bassin-versant du fleuve Merrimack, les Massachusetts autour de la baie du Massachusetts, la confédération des Montauks sur une bonne partie de Long Island, les Mohicans le long du bassin-versant élargi du fleuve Hudson, du lac Champlain jusqu'aux montagnes Catskill. Et on peut continuer ainsi longtemps. Les sous-tribus ou les sous-groupes linguistiques se répartissaient dans des zones similaires aux morpho-régions, c'est-à-dire de plus petits territoires correspondant toujours aux formes géographiques. Dans la géo-région qu'est la baie de Narragansett, on trouvait d'une part les Wampanoags, un peuple tourné vers l'océan, installés sur les rives est et le long de l'embouchure du Sakonnet ; et d'autre part leurs cousins les Narragansetts, un peuple des rivières vivant sur le reste de l'estuaire jusqu'au Blackstone – la séparation entre les deux communautés a été entretenue par le biais des terres dont dépendait chacune pour sa survie.

Il semblerait que les peuples algonquiens de l'est connaissaient leurs terres aussi bien que les écologistes modernes les connaissent – ou du moins les décrivent – et, comme tous les habitants de la Terre, on peut dire qu'ils étaient inconsciemment des biorégionalistes précurseurs.

Dans les traités officiels du 19e siècle et du début du 20e siècle signés par le gouvernement étatsunien et les chefs de tribus, on trouve d'autres confirmations encore sur le fait que les Indiens d'Amérique habitaient la terre de façon biorégionale. Sur une carte des zones établies par ces traités – qui furent systématiquement et honteusement annulés, mais c'est une autre histoire –, il est facile de voir, même si leurs formes sont imparfaites, les limites des territoires que les tribus clamaient comme leurs terres d'origine. Ces dernières correspondent avec un degré de précision remarquable aux différentes biorégions continentales. Dans les Grandes Plaines, par exemple, les lignes du traité des Indiens kansas suivent largement le bassin-versant du fleuve Kansas, de même que les Pawnees semblaient pour leur part avoir délimité la biorégion des prairies d'herbes courtes le long du Platte, ou que les installations des Osages, quant à elles, coïncidaient avec le plateau de l'Ozark.

Rien, je pense, sinon ce genre de correspondances, ne peut mieux démontrer à quel point le biorégionalisme est bien ancré ; rien ne peut plus clairement mettre en évidence que, loin d'être une idée ésotérique, voire exotique, ou la dernière invention de quelques bien-pensants, le biorégionalisme est bel et bien un concept inhérent aux cultures de peuples ancestraux, de ceux qui connaissent le mieux la nature. C'est pourquoi je pense que les décisions finales relatives aux délimitations des frontières biorégionales ou aux différentes échelles auxquelles créer les institutions humaines peuvent tranquillement être laissées aux personnes qui y vivent, à l'unique condition qu'elles aient accompli leur travail de perfectionnement de sensibilité biorégionale et qu'elles aient aiguisé leur conscience biorégionale. Plus concrètement, il s'agirait d'apprendre et d'explorer leur environnement, de dessiner voire, si nécessaire, de redessiner ou de redéfinir les limites confortables de leur territoire et de réajuster leurs organisations et leurs implantations pour qu'elles s'ajustent entre elles.

Les arbres aussi font les rivières

HATAKEYAMA SHIGEATSU,
LA FORÊT AMANTE DE LA MER, 1994

Dans les années 1980 au Japon, un ostréiculteur fait face à la disparition de toutes ses huîtres à cause de la pollution. Sa réponse : replanter des arbres à 30 kilomètres en amont de la baie de Kesennuma, où il vit depuis toujours. En tissant de nouvelles solidarités de bassin-versant, Hatakeyama Shigeatsu (né en 1943) réussit à recréer un écosystème vertueux.

Les pêcheurs qui plantent des arbres

Mebuki no koku sugite shinroku ni moete
iru kôyôju ni seishi no koku nado nakute
Passé l'instant du bourgeon, flamboie
la verdure neuve, pas de repos pour les
feuillus[4]

Sur le modèle des temples de Kumano, pour l'espèce à planter, l'on choisit le cornouiller de Kumano (*Cornus controversa*). C'étaient de magnifiques plants que le jeune K., forestier sur le cours moyen de l'Ô-kawa[5], avait préparés dans ses semis en attendant le reboisement. On voyait par-ci par-là

4. Les deux poèmes qui figurent dans cet extrait sont de Kumagai Ryûko.

5. Le fleuve qui se verse dans la baie de Kesennuma.

des silhouettes maniant la houe chinoise *karakuwa*, et avec l'aide aussi du peuple de la montagne, on acheva la première étape de la plantation.

Par la suite, on planta des arbres chaque année, et tant les surfaces reboisées que le nombre des participants augmentèrent. La seconde fois, des membres de la Société protectrice des hêtres du mont Funagata nous apportèrent de magnifiques jeunes plants élevés à partir de faînes ramassées sur le mont Funagata. Résultat, il apparut que le hêtre poussait fort bien sur le Murone-san[6]. Nous eûmes aussi une correspondance de la part de M. Kikuchi Eho, de Mizusawa. Il avait planté dans son champ des faînes ramassées devant les sources chaudes de Getô, et qui, transplantées plusieurs fois, avaient donné de jolies pousses, qu'il voulait nous offrir. Élevés à grands égards, c'étaient de magnifiques petits hêtres de 5 ans. Chacun soigneusement emmailloté dans de la paille tressée, il nous les apporta sur un camion, comme un arboriculteur. Il y en avait bien une centaine. M. Kikuchi était un grand amateur de hêtres, et il nous dit qu'il voulait qu'on les plantât dans un endroit où ils ne risqueraient pas d'être coupés. Il semble que M. Kikuchi, encore maintenant, vienne en cachette voir ses hêtres.

Dès lors, de plus en plus d'enfants participèrent. Voir des enfants du bord de mer et des enfants de la montagne ensemble, à s'entraider pour planter des hêtres, c'est vraiment attendrissant. À partir de l'échange entre les enfants s'approfondit l'échange entre les familles de l'amont et de l'aval. Les gens de

6. Le mont Murone.

Murone-mura[7], en nous rendant visite l'été pour se baigner et déguster des fruits de mer, et en prenant contact avec la vie quotidienne des gens de la mer, se rendirent compte pour la première fois que les saletés transportées par le fleuve, en se jetant dans la mer, portaient préjudice aux pêcheurs. D'une même voix, ils nous confièrent que jusque-là, ils n'avaient eu aucun souci de la mer.

Les gens de la mer furent invités l'automne à la fête des moissons, apportant des huîtres et des coquilles Saint-Jacques, et les troquant contre des pommes, des poires, des choux, des pommes de terre, etc., et se faisant régaler de saké, l'on passa un joyeux moment. Les débuts du reboisement du Murone-san et l'approfondissement des échanges firent naître la demande d'installer un point de vente de fruits de mer dans la rue principale du village. On eut deux réponses, et avec l'aide de Hatakeyama Toshimitsu et de son épouse, qui tiennent étal au marché du matin hebdomadaire de Kesennuma, huîtres, coquilles Saint-Jacques, tuniciers, fougères de mer, etc. furent mis en vente au prix du producteur. Par le bouche-à-oreille, les chalands affluèrent, le stand fut très animé, toute la journée, baigné dans une atmosphère de convivialité, et l'argent de la vente fut offert avec reconnaissance au Murone-jinja[8].

À 5 kilomètres en amont du centre du village, sur l'Ô-kawa, se trouve un hameau, le lieu-dit Murone-muraYagoshi-chiku. Là, habite un jeune homme du nom d'Onodera, qui vit principalement

7. Le village sur le mont Murone.

8. Le temple shinto consacré au mont Murone.

de la riziculture. C'est l'un des participants les plus actifs du reboisement du Murone-san. Il pratique une agriculture originale, qui visait dès le départ à préserver l'environnement, autant que possible sans pesticides, et au lieu de désherbants, faisant désherber ses rizières par les canards qu'il y lâche, etc.

Au fil des échanges, la compréhension s'approfondissait. L'on fauche deux fois par an l'herbe sur la digue de l'Ô-kawa, mais jusque-là, me dit-il, on se contentait d'attendre qu'elle soit emportée par la pluie, en l'entassant du côté interne de la digue. C'est en visitant la mer que, pour la première fois, il entendit les pêcheurs lui parler de la gêne qu'ils subissent aux fortes pluies, toutes sortes de choses étant alors transportées par l'Ô-kawa. « Depuis, on s'est tous mis à traiter nous-mêmes l'herbe de la digue. Maintenant, tous, nous parlons ensemble des manières de vivre qui ne dérangent pas les gens de l'aval, nous avons introduit les fosses septiques toutes eaux, nous visons une agriculture qui, autant que possible, n'utilise pas de pesticides, etc. », me dit-il. Pour quelqu'un qui vit en aval, cette histoire me fit monter les larmes aux yeux.

Au printemps de Heisei V [1993], Onodera me téléphona. Cette fois, les habitants du quartier de Yagoshi Ôbora s'étant mis d'accord pour reboiser en feuillus le Yagoshi-yama[9], dont les eaux arrosent le quartier de Yagoshi, et il me demandait si les gens de la mer ne pourraient pas les aider. Pour le peuple de la mer, c'était là une proposition inespérée.

À pousser la question, il s'avérait que, parmi les agriculteurs du quartier, se manifestait un in-

9. Le mont Yagoshi.

térêt croissant pour les bois de feuillus, qui sont importants pour l'agriculture comme pour l'environnement local. Le Yagoshi-yama, jusque 10 ans auparavant, était une vaste forêt de pins rouges touffus. De la forêt profonde, les ravines coulaient sans discontinuer, et dans le ruisseau se pressaient [différentes sortes de poissons,] les *haya*, les *funa*, les loches *dojô*, etc. Sans besoin de canne à pêche, de la rive, il suffisait de laisser pendre une ficelle pour en attraper tant qu'on voulait.

Or à peine la forêt coupée, l'eau cessa de couler à la première sécheresse, et aux fortes pluies, l'on se mit à voir des coulées de boue. On maçonnait de plus en plus de fossés, en peu de temps l'on vit disparaître les paysages d'antan, et pour rompre ce cercle vicieux, me dit-il, l'idée vint de reboiser en feuillus. La pinède coupée à blanc, laissée telle quelle, n'était plus que bambous nains *aozasa*. Alors, empruntant à la commune 20 hectares de forêt communale, on dressa un plan ambitieux : la faire renaître en une forêt de feuillus. En outre, l'on remit en état les roues à aubes, pour paysager le ruisseau et servir à l'économie locale.

Les activités de reboisement par les pêcheurs avaient débuté en Heisei I [1989], et comme en réponse aux pêcheurs, les paysans de l'amont s'étaient aussi mis debout. Sur le cours moyen, les gens du secteur de Niitsuki, qui pratiquent l'agriculture, comptent sur l'Ô-kawa pour l'eau de leurs rigoles, les 60 000 citoyens de Kesennuma sont ceux qui bénéficient le plus de ses bienfaits, etc., de la forêt jusqu'à la mer, en appeler à tout le monde, et par le biais de l'activité de reboisement, tous ensemble, habitants du bassin de l'Ô-kawa, profiter de cette occasion pour penser à l'environnement, voilà le grand projet qui prit forme.

Sur ce, l'on passa une annonce en pleine page dans les trois journaux locaux. Une annonce dans les journaux, c'était la première fois qu'on en faisait l'expérience. L'effet fut rapide, les demandes de participation affluèrent les unes après les autres. Untel, voulant à tout prix faire un don de plants, arrivait avec de jeunes ormes qu'il avait mis des années à élever, tel autre envoyait des bouleaux, quatre années d'efforts opiniâtres étaient enfin reconnues.

Le 6 juin de Heisei V [1993], il faisait beau. Comme de coutume, la première équipe prit le départ avec ses camions chargés de bannières de bonne pêche[10]. Cette fois-ci, au flanc du Yagoshi-yama, sur un terrain qu'on avait au préalable débarrassé de ses bambous nains pour faciliter la plantation, l'on pavoisa un plein navire d'oriflammes, plus belles que jamais. La montagne, comme un grand navire au lancement, allait bien avec les bannières de bonne pêche. On remarquait les couples venus avec leurs enfants qu'ils tenaient par la main, en particulier les jeunes du réseau Radishbôya, qui livre à domicile des produits agricoles payants à ses quelque 40 000 membres, de vieux couples de Nagoya qui s'étaient invités en plein voyage organisé, en tout plus de 300 personnes, la montagne était en effervescence.

Sur le Yagoshi-yama où l'Ô-kawa prend sa source, en transpirant de grand cœur, on planta

10. Décorations traditionnelles japonaises normalement fixées sur des bateaux, mais servant ici comme un symbole du lien entre la forêt et la mer.

plus de 2000 jeunes arbres, surtout des ormes, et aussi des cerisiers de montagne, des châtaigniers, des hêtres, etc. À l'entrée de la montagne, grâce à la bienveillance de Murone-mura, une place fut aménagée, l'association féminine locale fit aimablement circuler du bouillon de porc, les gens de l'amont, du cours moyen, de l'aval, pour la première fois, grâce au reboisement, se sentaient à l'unisson, ce fut une mémorable journée.

Dans un coin de la place sourdait l'eau pure d'une fontaine intarissable, on entendait les cris joyeux des enfants qui s'y désaltéraient, mais quand on eut fini de descendre les bannières de bonne pêche, la montagne retrouva sa tranquillité.

Fête de la plantation de la forêt amante de la mer : Programme de la cérémonie

Date : 6 juin, Heisei V [1993] (dimanche)
Lieux : préfecture d'Iwate, commune de Murone, quartier Yagoshi, terrain Yamafurusawa (lieu de la plantation) ; gymnase de l'école primaire de Kamiorikabe (lieu de la conférence)

Natsu kodachi ni midori afureshime yômyaku wa
Seimei no yasumi no yô na shizukesa
L'été, dans le bosquet, déborde la verdure aux nervures
Calmes comme si la vie se reposait

La forêt et la mer, depuis le début des temps, sont le berceau où grandit la vie. Quand, pénétrant sans bruit dans la forêt de feuillus, vous prêtez l'oreille au frôlement des feuilles, quand, debout sur le rivage, vous transit la rumeur de la mer, cela ne vous apaise-t-il pas ?

La forêt et la mer sont reliées par des fleuves pleins à déborder d'une eau fraîche et limpide, et plus l'eau est pure, plus profond est le lien.

Avec pour devise « La forêt amante de la mer », *Mori wa Umi no Koibito*, et en priant pour que l'Ô-kawa, le fleuve maternel qui se jette dans la baie de Kesennuma, garde toujours son courant pur, autour du Murone-san, nous avons planté un bois de près de 2000 feuillus, des hêtres, des marronniers, des cornouillers, etc., et l'avons baptisé « La forêt des huîtres », *Kaki no mori.*

Les enfants de l'amont, invités à la mer, ont étudié l'écosystème en fréquentant la faune et la flore marines. En retour, les enfants de l'aval, en plantant des arbres, ont appris l'importance de la forêt, et cela nous a aidés à les éduquer à l'environnement.

Ce que nous avons appris, en quatre années de ce mouvement, c'est à quel point, pour préserver l'environnement aquatique de toute cette région, y compris la mer, comptait la compassion envers la nature de la part des gens qui vivent dans le bassin fluvial de l'Ô-kawa, à partir du bassin-versant des montagnes de Murone-mura, Iwate-ken.

Récemment, de nombreuses personnes vivant dans le bassin fluvial ont les unes après les autres émis le souhait de constituer en amont une plus vaste forêt de feuillus, et ce souhait est en train de se réaliser.

Cette fois-ci, avec la collaboration des membres du « Syndicat de cogestion de la forêt des rejetons », *Hikobae no mori bunshûrin kumiai*, constitué par le conseil d'autonomie locale du secteur XII de Murone-mura, la décision a été prise de

planter, sur 3 hectares, une forêt de 10 000 feuillus à Furusawa, sur le Yagoshi-yama, où l'Ô-kawa prend sa source. Une première tranche de 2 000 plants va être réalisée, avec principalement des ormes du Caucase et des cerisiers de montagne.
Nous avons l'intention de continuer à développer cette forêt ouverte aux gens de bonne volonté, et qui tisse des liens dans le bassin fluvial.
Citoyens de Kesennuma, qui chaque jour vivez de l'eau de l'Ô-kawa, paysans dont les rizières reçoivent leur eau de l'Ô-kawa, pêcheurs qui vivez de la maréculture, jeunes gens et jeunes filles qui portez l'avenir de l'environnement, tous ensemble, ne participerez-vous pas à la fête du reboisement ?
Cet après-midi, nous accueillons pour une conférence commémorative le professeur Uchiyama Takashi, philosophe de la forêt.
Nous espérons que vous serez nombreux à participer à ce programme.

Pour l'Association
des soupirants de la forêt des huîtres
Hatakeyama Shigeatsu

Pour le Syndicat de cogestion
de la forêt des rejetons
Koiwa Kunihiko

Parce que les eaux relient les vies

Deborah Bird Rose,
Oiseaux de pluie, 2009

À passer sa vie avec les Aborigènes du nord de l'Australie, l'ethnographe Deborah Bird Rose (1946-2018) s'est plongée longuement dans des visions du monde autochtones qui se pensent par-delà nature et culture. Là-bas, les humains et les non-humains partagent à la fois des terrains de vie physiques et spirituels qui créent, de fait, des attachements indéfectibles.

« J'ai mené une recherche au long cours auprès des peuples aborigènes qui vivent dans la région de savane où tombe la mousson, à l'intérieur des terres le long du fleuve Victoria, non loin de sa jonction avec la rivière Wickham – et sur tout le territoire amont le long des deux cours d'eau. En tant qu'anthropologue, j'ai commencé à être particulièrement sensible aux enjeux d'identité, et ma recherche avec les peuples aborigènes en Australie m'a conduite à être plus spécialement absorbée par la parenté. Les peuples aborigènes australiens ont l'un des systèmes de parenté les plus complexes de la planète, et leurs sociétés sont vraiment fondées sur la famille. Tous les principaux aspects de la vie humaine y sont organisés par la parenté – gouvernance, justice, économie, événements marquants de la vie, et philosophie. Leur système de parenté déconcerte les attentes occidentales sur de nombreux points, l'un d'eux étant que celui-ci ne s'appuie sur aucun dualisme séparant de façon hiérarchique la culture humaine et le reste du monde naturel. La majorité des êtres vivants sont inclus à l'intérieur de ce système de parenté, et parce que la parenté est un domaine de l'éthique, la plupart des êtres vivants sont même intégrés à leur système éthique.

Les relations de parenté entre les humains et les autres êtres vivants sont organisées par des motifs de groupes familiaux trans-espèces, qui ont été créés par les grands êtres créatifs appelés Rêves. Par exemple, le Rêve brolga est l'ancêtre du « peuple brolga » contemporain, et de toutes les grues brolgas. La femme de Daly, Mirmir, est une personne brolga ; le Rêve de son père était brolga et le sien également[11]. Les grues brolgas sont sa famille, ses compatriotes. Daly, lui, est une personne poisson-chat, mais à travers un autre type de connexion de parenté : sa mère était une personne poisson-chat, donc il l'est aussi. Il y a une connexion entre poissons-chats et grues brolgas dans la vie contemporaine – comme sa petite histoire nous le montre –, et il y avait une connexion entre poissons-chats et grues brolgas dans leur mariage également.

11. Mirmir m'a adoptée comme sa sœur. Son autre Rêve principal était le renard volant (une chauve-souris aussi appelée « roussette ») – une autre créature associée à la pluie. Son pays natal est dans le désert – un lieu où la pluie compte vraiment. Elle est une femme pluie, une femme désert, une femme oiseau de pluie, une femme renard volant. Je lui dédie cet article, ainsi qu'à sa fille aînée Aileen.

Les motifs se répliquent ainsi par-delà les systèmes humains et autres-qu'humains.

J'en suis venue à apprendre que la question de qui est quelqu'un (l'identité) est aussi une question temporelle. « Quand » on est, fait pour ainsi dire partie de qui on est. Prenez l'histoire du poisson-chat et de la grue brolga. Quand les grues brolgas se mettent à chanter, elles arrivent dans ce pays avec les premières pluies à leurs côtés. Elles chantent la pluie, et leur chant appelle les poissons-chats. Les poissons-chats se mettent en mouvement parce que les rivières se réchauffent et que l'eau se met à nouveau à courir, après avoir été confinée dans des trous d'eau durant la longue saison sèche. Le « quand » de leur identité connectée est à la fois tardivement sèche et précocement humide. Comme je le traiterai ci-dessous, la variabilité et la fragmentation sont partie intégrante du climat, et le savoir des peuples aborigènes est en harmonie avec le système lui-même, et non pas avec un cadre extérieur tel qu'un calendrier, comme le montre l'histoire grue brolga / poisson-chat.

En plus de ces questions temporelles, j'en suis venue à apprendre que l'identité implique aussi de savoir « où » on est. Nous étions assis sur la berge de la rivière Wickham quand nous avons eu cette conversation à propos de la grue brolga et du poisson-chat. La rivière Wickham est un affluent du fleuve Victoria, et le fleuve Victoria est l'un des grands fleuves tropicaux du nord de l'Australie. De sa source sur les franges du désert Tanami jusqu'aux vasières salées du golfe Bonaparte, les bassins-versants du fleuve Victoria incluent toute une gamme de biorégions et de micro-habitats.

Depuis une perspective aborigène, les bassins-versants du fleuve Victoria recouvrent quatre zones ou biorégions majeures. En partant des terres intérieures, il y a la zone de désert aride, puis la zone de savane dorée et ses fraîches rivières de jungle – connue sous le nom de *big river country*. Plus loin vers la mer se situe un pays plus vert, un pays d'eau salée (estuarien), où l'eau saumâtre remonte le courant et où vivent également des créatures marines. Et enfin, il y a le pays de sable, de boue et de sel attenant à l'océan. Les biorégions sont un facteur essentiel dans l'identité des peuples. Une personne pourrait dire, par exemple, je suis une personne d'eau douce, ou je suis une personne d'eau salée. L'identité dit ainsi beaucoup sur les personnes : le type de savoirs auxquels elles ont droit et, habituellement, dans lesquels elles sont les plus compétentes, la nourriture qui les a fait grandir, les nombreuses compétences qui leur permettent de vivre leur vie.

Certaines plantes et certains animaux sont confinés dans une certaine biorégion et deviennent donc des espèces indicatrices, signalant la résidence dans un sens profond. Big Mick Kangkinang, un homme avec lequel j'ai travaillé en étroite collaboration, expliquait que tout vient du Rêve, un constat qui inclut l'idée que tout est mis en place par la « création ». Lui-même était un homme d'eau salée qui avait vécu pendant des années dans le *big river country*. Il approchait les 90 ans et m'a raconté qu'il était parti depuis des années et qu'il en avait assez. « Je suis vraiment une vieille personne maintenant », a-t-il dit. « Je veux retourner chez moi à *kagawuli*[12]. »

12. Le *kagawuli*, aussi appelé « carotte du *bush* » ou « igname-crayon » (*Vigna lanceolata*), est une plante originaire d'Australie régulièrement consommée par les peuples aborigènes et autour de laquelle existent de nombreux rituels de Rêve. (NDT)

Partie 2
Imaginaires de bassins-versants

Dans le courant des représentations, l'eau prend des formes multiples. Selon les époques et selon les continents, les bassins-versants convoquent des imaginaires qui à la fois cristallisent des cosmologies et diffractent les manières de voir.

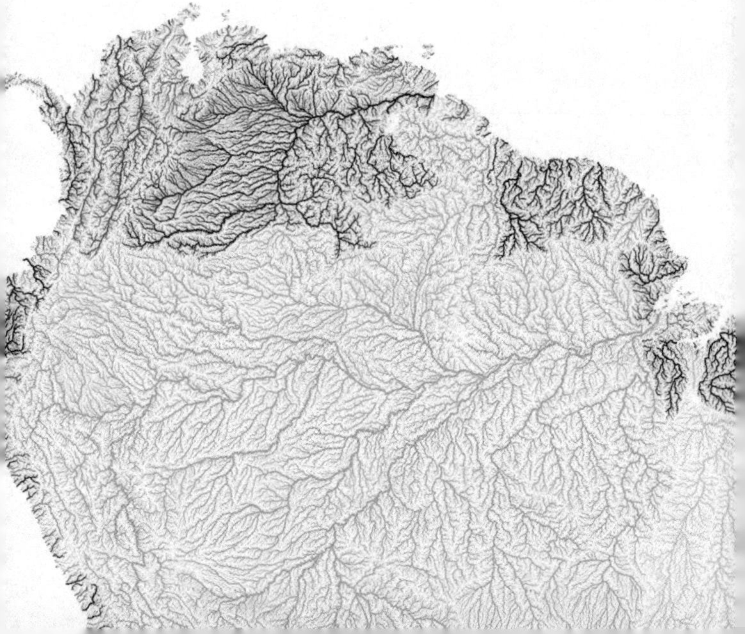

Marcher avec l'eau qui court

GASTON BACHELARD,
L'EAU ET LES RÊVES, 1941

Par ses multiples études psychologiques et sensibles, le philosophe français Gaston Bachelard (1884-1962) a été un explorateur marquant de nos imaginaires collectifs. Après La Psychanalyse du feu *(1938) et avant* L'Air et les Songes *(1943), il s'est intéressé à l'élément aquatique, dont il a décrit les puissances évocatrices et les liens profonds qu'il entretient avec nos rêves – bassins-versants de l'inconscient.*

“ Je retrouve toujours la même mélancolie devant les eaux dormantes, une mélancolie très spéciale qui a la couleur d'une mare dans une forêt humide, une mélancolie sans oppression, songeuse, lente, calme. Un détail infime de la vie des eaux devient souvent pour moi un symbole psychologique essentiel. Ainsi l'odeur de la menthe aquatique appelle en moi une sorte de correspondance ontologique qui me fait croire que la vie est un simple arôme, que la vie émane de l'être comme une odeur émane de la substance, que la plante du ruisseau doit émettre l'âme de l'eau... S'il me fallait revivre à mon compte le mythe philosophique de la statue de Condillac qui trouve le premier univers et la première conscience dans les odeurs, au lieu de dire comme elle : « Je suis odeur de rose », je devrais dire « je suis d'abord odeur de menthe, odeur de la menthe des eaux ». Car l'être est avant tout un éveil et il s'éveille dans la conscience d'une impression extraordinaire. L'individu n'est pas la somme de ses impressions générales, il est la somme de ses impressions singulières. Ainsi se créent en nous les *mystères familiers* qui se désignent en de *rares symboles*. C'est près de l'eau et de ses fleurs que j'ai le mieux compris que la rêverie est un univers en émanation, un souffle odorant qui sort des choses par l'intermédiaire d'un rêveur. Si je veux étudier la vie des images de l'eau, il me faut donc rendre leur rôle dominant à la rivière et aux sources de mon pays.

Je suis né dans un pays de ruisseaux et de rivières, dans un coin de la Champagne vallonnée, dans le Vallage, ainsi nommé à cause du grand nombre de ses vallons. La plus belle des demeures serait pour moi au creux d'un vallon, au bord d'une eau vive, dans l'ombre courte des saules et des osières. Et quand octobre viendrait, avec ses brumes sur la rivière...

Mon plaisir est encore d'accompagner le ruisseau, de marcher le long des berges, dans le bon sens, dans le sens de l'eau qui coule, de l'eau qui mène la vie ailleurs, au village voisin. Mon « ailleurs » ne va pas plus loin. J'avais presque 30 ans quand j'ai vu l'océan pour la première fois. Aussi, dans ce livre, je parlerai mal de la mer, j'en parlerai indirectement en écoutant ce qu'en disent les livres des poètes, j'en parlerai en restant sous l'influence des poncifs scolaires relatifs à l'infini. En ce qui touche ma rêverie, ce n'est pas l'infini que je trouve dans les eaux, c'est la profondeur. D'ailleurs, Baudelaire ne dit-il pas que six à sept lieues représentent pour l'homme rêvant devant la mer le rayon de l'infini ? (*Journaux intimes,* p. 79). Le Vallage a dix-huit lieues de long et douze de large. C'est donc un monde. Je ne le connais pas tout entier : je n'ai pas suivi toutes ses rivières.

Mais le pays natal est moins une étendue qu'une matière ; c'est un granit ou une terre, un vent ou une sécheresse, une eau ou une lumière. C'est en lui que nous matérialisons nos rêveries ; c'est par lui que notre rêve prend sa juste substance ; c'est à lui que nous demandons notre couleur fondamentale. En rêvant près de la rivière, j'ai voué mon imagination à l'eau, à l'eau verte et claire, à l'eau qui verdit les prés. Je ne puis m'asseoir près d'un ruisseau sans tomber dans une rêverie profonde, sans revoir mon bonheur... Il n'est pas nécessaire que ce soit le ruisseau de chez nous, l'eau de chez nous. L'eau anonyme sait tous mes secrets. Le même souvenir sort de toutes les fontaines.

Lignes de partage biorégionales

PETER BERG & RAYMOND DASMANN,
« RÉHABITER LA CALIFORNIE », 1978

L'idée de « biorégion », déjà croisée dans cet ouvrage, trouve ses origines dans une pratique de « réhabitation » qui renoue avec les milieux de vie. Dans un article fondateur, les biorégionalistes étatsuniens Peter Berg (1937-2011) et Raymond Dasmann (1919-2002) proposent une définition de ces termes qui renverse le mythe de la découverte de l'Amérique et repart des bassins-versants pour repenser l'autochtonie et la soutenabilité.

« La Californie septentrionale est entourée de montagnes au nord, à l'est et au sud, et s'étend sur une bonne distance le long de l'océan Pacifique à l'ouest. Parce que les frontières biorégionales dépendent aussi en partie des comportements humains, elles ne peuvent pas être clairement cartographiées. Ces comportements, toutefois, persistent depuis des temps préhistoriques. La région est séparée de la Californie méridionale par la barrière que forment les monts Tehachapi et leur extension au travers de la chaîne montagneuse des Transverse Ranges jusqu'au Point Conception côté mer. Et si, dans une certaine mesure, la faune et la flore changent de part et d'autre de cette frontière, ce sont surtout les comportements humains qui diffèrent. À l'est, la région est définie par la Sierra Nevada, chaîne montagneuse qui stoppe les pluies et donne à la biorégion sèche du Nevada son caractère. Au nord, la chaîne volcanique des Cascades et les anciennes formations géologiques des monts Klamath séparent la biorégion de l'Oregon. Le long de la côte, les frontières sont plus floues, même s'il semble qu'une ligne se dessine à la limite nord de la forêt côtière de Redwood, sur le fleuve Chetco.

Du point de vue biologique, la province biotique californienne, qui forme le cœur de la biorégion, est non seulement unique mais aussi incroyablement riche – un véritable refuge pour nombre d'espèces cachées, rempli de formes animales et végétales endémiques. C'est une région au climat méditerranéen tout à fait unique en Amérique du Nord, à la fois un lieu où peuvent survivre des espèces autrefois omniprésentes et un territoire où ont évolué d'autres formes de vie distinctes. Du point de vue anthropologique, il s'agit aussi d'un cas unique, d'un refuge pour une grande variété de non-agriculteurs au sein d'un continent où l'agriculture est devenue prépondérante.

Durant le siècle et demi pendant lequel une société d'envahisseurs a occupé la Californie du Nord, les géomètres, à travers la division des terres qu'ils réalisèrent, ont donné un certain sens au lieu. Nous en savons plus à propos du cadastre qu'à propos de la vie qui se meut sur, sous et au travers des terres cadastrées. Les gens sont bombardés d'informations à propos du prix monétaire des choses, mais ils n'apprennent que rarement quoi que ce soit sur leur coût planétaire réel. On les encourage à mesurer la dimension des choses sans rien leur apprendre de leur place dans la continuité de la vie biorégionale.

Au sein de la biorégion se trouve un bassin-versant majeur, celui du système hydrologique du Sacramento-San Joaquin, qui draine les eaux de toute la Sierra Nevada, des chaînes montagneuses côtières des Cascades, pour s'écouler par les larges plaines de la Vallée centrale. Sur les côtes, de plus petits bassins-versants sont significatifs : ceux des fleuves Salinas, Russian, Eel, Mad, Klamath et Smith. Le fleuve Klamath est atypique puisqu'il draine les eaux d'une aire géographique appartenant à une biorégion différente. C'est également le cas de la rivière Pit, qui rejoint le Sacramento. Ces exceptions mises à part, lire les différents systèmes hydrologiques aide à définir et caractériser la vie d'une même biorégion, de même que les caractéristiques des bassins-versants font apparaître les nécessités que ceux qui voudraient vivre *in situ* doivent s'employer à reconnaître.

Notre vraie « période de découverte » vient seulement de débuter. La biorégion est à peine reconnue dans les travaux sur les interrelations entre les systèmes de vie qui la composent. Savoir si nous pourrons continuer à vivre ici est toujours un mystère angoissant. Combien de personnes une biorégion peut-elle supporter sans s'autodétruire encore plus ? Quels genres d'activités devraient être encouragés ? Lesquels sont trop désastreux pour être maintenus ? Comment les gens pourraient-ils s'approprier les critères biorégionaux de manière à ressentir ces derniers comme des règles existant pour le bien-être de tous plutôt que comme un ensemble contraignant de lois imposées ?

Les bassins-versants naturels pourraient être reconnus comme les éléments autour desquels les communautés s'organisent en premier lieu. Le réseau des sources, des ruisseaux et des rivières s'écoulant dans une zone spécifique exerce une influence de premier ordre sur toute vie non humaine à un endroit donné ; c'est l'empreinte la plus fondamentale de toute vie locale. Les inondations et les sécheresses de la Californie du Nord nous rappellent que les bassins-versants affectent la vie humaine elle aussi, mais leur influence globale est plus discrète et diffuse. Les communautés indigènes s'étaient installées à proximité des ressources, et les limites entre tribus étaient souvent définies par les limites des bassins-versants. Les campements des colons ont suivi le même modèle, expropriant souvent les groupes indigènes dans le but de protéger leur propre accès à l'eau.

Ainsi, les communautés réhabitantes devraient prioritairement mener des actions pour bien définir les bassins-versants locaux, restreindre la croissance et le développement humain pour qu'il corresponde aux limites des ressources en eau, veiller à la conservation de ces réserves et à la restauration du libre cours des affluents qui ont été bloqués et au nettoyage de ceux qui ont été pollués, ou encore mener des recherches sur les interactions avec le système hydrologique plus large. En tout cela, les réhabitants pourraient à la fois se centrer sur les bassins-versants et en être les responsables.

De tout temps, les peuples ont été des membres à part entière de la vie biorégionale. La plupart du temps, ils avaient un effet positif sur les autres formes de vie qui partageaient ces lieux. En décrivant de quelle façon pas moins de 500 « républiques » tribales distinctes ont pu vivre côte à côte en Californie pendant plus de 15 000 ans, sans hostilité sérieuse ni perturbation des écosystèmes environnants, Jack Forbes mit au jour, en 1971, une différence majeure entre habitants et envahisseurs.

Les peuples autochtones de Californie [...] ne se considéraient pas vraiment comme des individus autonomes et indépendants. Ils s'envisageaient comme étant profondément liés avec d'autres gens (et avec les formes environnantes de vies non humaines) au sein d'un réseau vivant interconnecté et complexe, c'est-à-dire, une vraie communauté [...]. Toutes les créatures et les choses étaient [...] frères et sœurs. De cette idée provint le principe fondamental de non-exploitation, de respect et de révérence pour toutes les créatures, un principe extrêmement hostile au type de développement économique, mortifère pour les mœurs humaines, que conçoivent typiquement les sociétés modernes. (Je pense que c'est ce principe plus que tout autre qui permit de conserver la Californie dans son état naturel pendant plus de 15 000 ans ; et la violation de ce même principe qui, en un siècle et demi, a mené la Californie au seuil de la destruction)[13].

13. Jack D. Forbes, « The Native American Experience in California history », *California Historical Quarterly*, vol. 50, n° 3, septembre 1971, pp. 234-242.

Les réhabitants sont aussi différents des envahisseurs que ceux-ci ne l'étaient des habitants originels. Ils veulent se fondre dans le lieu, ce qui requiert une préservation de celui-ci. Leurs objectifs les plus fondamentaux sont de restaurer et de conserver les bassins-versants, la couche arable de la terre et les espèces locales : des éléments absolument nécessaires à une existence *in situ* parce qu'ils déterminent les conditions essentielles en matière d'eau, de nourriture et de stabilité de la biodiversité. Leur but peut inclure le développement de cultures biorégionales contemporaines capables de célébrer la continuité de la vie où ils vivent, et de nouvelles formes de participations inter-régionales avec d'autres cultures basées sur notre appartenance mutuelle, en tant qu'espèce, à la biosphère. Transiter vers une société réhabitante, toutefois, requiert des changements fondamentaux dans la direction prise par les actuels systèmes économiques, politiques et sociaux.

Les puissants secrets de l'eau

Sony Labou Tansi,
« L'empire de l'eau », 1985

Avec ses 4 700 kilomètres de long, le fleuve Congo a le second plus gros débit du monde après l'Amazone. Charriant la vie comme la mort, ce géant s'immisce jusque dans les cœurs et les têtes, tout en restant profondément impénétrable. Sony Labou Tansi (1947-1995), grand auteur congolais, montre ici comment les eaux insondables font germer d'autres manières de dire.

« Cette eau est bien folle de boire tant de boue, de manger tant de feuilles, tant de lianes, tant et tant d'herbes, de terre jaune, de débris de rocher... Quelle eau goulue et vaste. Vastes aussi ses senteurs. Toutes les odeurs de l'existence y collent avec la même efficace nervosité, on eût cru un prétexte d'âme. Tout ici est bellement habitué à jouer la vie. Dans l'eau qui vient. Dans l'eau qui va. Mais rien ne presse. Le caïman le sait. On le prend aisément pour du bois mort. Sauf au moment où le bois mort se fend par la tête « crânue » pour bâiller, dire au soleil qu'il agace avec ses frapperies de plomb. Mais ici, on le sait, c'est l'eau qui commande. Elle gagne tout. Elle touche à tout. Même à l'âme du navigant. Elle touche le ciel et la terre. Elle touche les cœurs de ceux qui meurent d'envie d'aimer.

Elle touche l'odeur du poisson fraîchement pêché. L'eau s'égare partout. Elle égare les yeux du voyageur canadien en manque de neige. Que croyez-vous que cette eau couleur de thé fait à longueur de contrées ? D'aucuns pensent qu'elle marche inexorablement vers l'océan. D'autres prétendent que l'eau des veuves qui s'embouchent avec tant de patience et de finesse raconte une vieille histoire de cavale ancestrale. Les baigneuses sont si belles à certaines heures de la journée. Elles plongent. Elles nagent. Elles rient. Elles jouent de toutes les explosions du fleuve. Leurs seins têtument cadencent les mouvements du roulis incessant qui tourmente le fleuve jusqu'à la racine des flots. Les baigneuses martèlent l'eau sans désemparer. Elles sont toutes vêtues de cette senteur de silure que l'eau prête à tous ses acolytes. Leurs corps clapotent savoureusement. L'eau donne toujours cette griserie maléfique que tous les yeux ici changent en besoin d'aimer, au milieu de cet univers charrié goutte par goutte, et où le temps n'a plus d'impact tout à fait, sans doute parce qu'il use ses yeux à contempler l'holocauste de ce tapis de grumes, parterre ininterrompu de dos rugueux, géants débris de forêt destinés à faire fonctionner les usines en France, en Allemagne, en Angleterre... Le temps ici est si distrait qu'il oublie toujours de compter. On l'entend pourtant naître et mûrir, jouir de la forêt et de l'eau, lâcher des heures entières d'insectes volants, rampants, criants ou sautants. Chaque goutte de nuit deviendra une magie dès que la boule solaire aura fait ses adieux au ciel. Elle changera le fleuve en une étrangeté calcinée, rayée çà et là par des fragilités étincelantes, témoins toutes d'une vie qui lutte à végéter au fin fond de la ténèbre tropicale. Chaque goutte de lueur sera une promesse, une manière d'œuf où la vie et l'activité humaines seront tracées, arabesques étonnantes, d'où naîtront d'insoupçonnables explosions de baigneuses invétérées, promues à tous les grades du vécu diurne. Bien sûr, depuis que ce monde d'eau, de boue et de détritus s'était mêlé d'européanisation, on y entend la quinte lourde du moteur à explosion, le tintement malsain de la pétoire à répétitions, ainsi que le clairon furtif de la garde des nations.

Demain, en tout cas, pourvu que le soleil se lève à sa même heure précoce, l'on verra cent pirogues foncer tels des pique-bœufs noirs sur le « Général Mande » ou sur la « Ville d'Owa ». La horde bien entendu tentera de commercer avec les passagers des bateaux le temps de quelques hennissements des moteurs... Nous sommes à l'âge du franc. Même l'eau doit savoir cette galère. Savoir aussi que le moteur du franc c'est la vitesse. Drôle de carburant que celui qu'on y met : notre petit temps archaïque et paresseux, qui martèle l'eau à l'allure de ce fleuve imbu d'espace, de ténèbres et de rêves. Fleuve creusant dans la boue, dans les pierres, dans le sable et les papyrus avec les toujours mêmes gestuelles infiniment grasses, liées au rêve musclé des hippopotames, surveillé de près par l'autre rêve, celui des baigneuses larguées qui ont souligné toutes les soifs classiques de leur sexe, ici même où tout, depuis la nuit des temps, s'arme de patience. L'eau bâille. Elle suinte. Elle boit tout. Elle sait apaiser, heureusement. Elle sait boire jusqu'aux engueulades de ce soleil furieux qui pue le feu. Cela fait six semaines que nous violons ici tous les secrets de l'eau, la boire, la troubler, l'énerver, l'éteindre dans le sable, l'enfouir dans nos cheveux, la taquiner, la trouer... Elle nous offre ses patiences. Toutes. Emmanuelle répète qu'elle aime l'Afrique à la folie. Aimer l'Afrique, façon de parler. Parler sans tout dire. La meilleure façon de se taire. L'eau a de grandes oreilles qui entendent tout. Des yeux qui semblent tout voir. Mais la gueule de l'eau est trop fine pour se perdre en paroles. Elle clapote de murmures savoureux.

Brazzaville, le 1er janvier 1985

Tumultueux courants de la pensée

GIUSEPPE MORETTI,
« BASSINS FLUVIAUX DE LA CONSCIENCE », 1996

Quelles sont les histoires que nous racontons sur l'eau ? Et elle, nous souffle-t-elle des histoires ? Depuis la plaine du Pô, au nord de l'Italie, Giuseppe Moretti (née en 1948) montre que nos relations aux bassins-versants évoluent en même temps que les cultures dans lesquelles nous vivons – et que notre conscience de l'eau est donc un fleuve mouvant.

« Les masses d'air humides, perturbées et lourdes de nuages, précipitent dans leurs mouvements leurs précieuses charges d'eau, régénérant ainsi les modèles et les processus que la terre, les montagnes, les forêts, les fleuves et les mers connaissent depuis des millénaires. Partout dans le monde, c'est le cycle de l'eau qui se renouvelle, qui prend forme. La pluie tombe, pénètre au travers du sol mousseux des montagnes, forme des ruisseaux et des torrents, puis des fleuves confluant qui serpentent au travers des roches et des racines des arbres pour alimenter grands et petits bassins fluviaux.

Les formes et les contours des bassins fluviaux définissent des lieux et des relations, fournissent le liquide vital pour les micro-organismes et les plantes, donnent leur fertilité aux sols, constituent un habitat pour les poissons et les animaux, créent la beauté du paysage et enrichissent la mer. Et de là le cycle reprend… se renouvelle… prend forme.

Un bassin fluvial est un vaste écosystème qui unifie et connecte la haute montagne au delta, les glaciers aux vallées alluviales, les plaines fertiles aux couches aquifères, le cycle hydrogéologique au cycle biologique, les êtres humains et leur activité à la plus vaste communauté des vivants. Les dynamiques de ses différents habitats forment une trame riche et complexe d'êtres vivants, déplacent les minéraux, créent l'énergie. Un bassin fluvial est un entrelacs de composantes et de réalités culturelles, géographiques, économiques, écologiques et d'habitats qui descendent graduellement de la montagne vers la vallée en se diversifiant, tout en restant étroitement liés entre eux jusqu'à la mer.

L'eau est source de vie. Tout le monde peut le comprendre, et pourtant nous vivons comme si c'était la moindre de nos préoccupations. L'eau est sacrée pour les peuples indigènes parce qu'ils savent que la vie n'est pas possible sans elle. L'eau, pour les pouvoirs politiques et économiques, est une ressource à gérer et exploiter dans l'intérêt exclusif des grandes et petites corporations nationales et multinationales.

L'eau est le bien commun de la terre, nécessaire à toute forme de vie pour se désaltérer et prospérer. Les vallées accueillantes et les montagnes âpres et sauvages – qui entourent nos bassins fluviaux – sont l'héritage de gens et de cultures qui, depuis plus longtemps qu'on ne l'imagine, savaient bien que sans le fleuve et sa mosaïque d'eau, leurs histoires, traditions, métiers, légendes, objets, outils et langues n'auraient pas pu exister.

Les histoires ont été créées et documentées par les cours des rivières, par les migrations des animaux, par la succession des saisons et par les contours du territoire. L'eau est notre histoire « organique » à tous, histoire qui parfois refait surface dans le lyrisme des poètes, dans les ballades des chanteurs et dans le bon sens des gens ordinaires. Elle est dans le visage de ces vieux qui continuent inlassablement à rendre hommage au fleuve. Elle était dans les yeux de ce vieux pêcheur que je voyais, enfant, arriver toutes les fins de semaine pour vendre du poisson à mes parents et qui, chaque fois, avant de partir, disait : « *adman am vaghi angà* » (demain je me noierai). Je n'étais qu'un enfant à l'époque et nous pensions tous qu'il plaisantait, mais un matin – lui qui connaissait le fleuve point par point –, il mit la barque à l'eau et ne revint plus.

L'esturgeon ne remonte plus le courant, l'eau trouble et malodorante cache des molécules étrangères aux processus de la nature, de longues parties de la rive sont désormais silencieuses, bétonnées. Les fleuves et cours d'eau ont été déviés, coupés, emprisonnés, privés de leur nature sauvage originelle pour laisser la place à des modèles économiques et politiques dont les lois, les règles et les contrôles ressemblent le plus souvent à des processus cancéreux de domination de la terre et de tout ce qui vit dessus.

L'histoire « officielle », codifiée et rationalisée, n'a pas seulement bouleversé l'équilibre naturel dans les bassins fluviaux mais aussi celui des bassins fluviaux de la conscience humaine. De même que les bassins fluviaux naturels, ceux de notre conscience sont désormais presque entièrement apprivoisés – réduits à des chenaux uniformes au travers desquels le message est toujours le même, à savoir : la présomption de croire en la capacité des êtres humains de se modeler et de modeler la nature parce qu'il s'agirait là de leur tâche, de leur devoir et de leur droit.

C'est pour cette raison que toute tentative pour rétablir notre connexion avec la nature, à l'intérieur ou à l'extérieur de nous, échoue misérablement : car elle fait face à des exigences et des choix exactement opposés.

Aujourd'hui, dans le monde, des millions de personnes ont des difficultés à se procurer le minimum d'eau nécessaire à leurs besoins. Dans d'autres parties du monde, le problème n'est pas tant la quantité, mais la qualité de l'eau. L'eau propre et potable est à la fois de plus en plus rare et de moins en moins disponible. Face à tous ces problèmes, les experts et les gouvernants n'ont rien de mieux à proposer que de mettre un prix sur l'eau. Il est évident que la solution requiert des choix plus sérieux et drastiques, mais pas impossibles, car la santé et la disponibilité de l'eau nous concernent tous.

Une conscience fluviale commence par des questions simples : d'où vient et où va l'eau qui nous désaltère et qui fait pousser notre salade ? La quantité d'eau dont nous avons besoin est-elle vraiment telle ? Combien de systèmes hydriques ont été compromis par les déchets empoisonnés de nos activités ? Quels sont les paradigmes culturels qui sous-tendent une gestion aussi erronée de l'eau ?

Une eau propre, cela signifie la santé. Des fleuves propres, cela signifie des écosystèmes sains. Des écosystèmes sains, cela signifie une culture inspirée par le sens du respect et une forme de gratitude à l'égard de l'eau et de tout ce qui crée et maintient la vie sur la Terre.

Réhabiter est un terme biorégional évoquant la déconstruction d'une façon d'être arrogante et destructrice par rapport au territoire, pour réapprendre, au contraire, à vivre avec le territoire.

Réhabiter, cela signifie la récupération et la reprise de modèles, de manualités, de techniques et de relations qui rééquilibrent nos vies, nos activités, nos productions et nos échanges et les replacent en cohérence avec les capacités de charge de la biorégion sur le long terme.

Mais réhabiter signifie aussi et surtout permettre à la nature sauvage d'exister, de façon à pouvoir puiser notre inspiration dans le travail de restauration des méandres sauvages de notre conscience, car c'est là que nous pouvons entrer en contact avec la grammaire de la Terre, comprendre qui nous sommes vraiment et ce que nous devons faire pour nous placer dans le juste contexte pour une réciprocité intense, directe et organique avec tout ce qui nous entoure.

Ainsi, lorsque nous remontons le courant à la recherche de la source des dégâts, c'est un peu comme si nous remontions les bassins fluviaux de notre conscience, et que nous nous sentions finalement à nouveau chez nous.

Du point de vue d'un saumon

GARY SNYDER,
« ACCÉDER AU BASSIN-VERSANT », 1992

Le forestier américain Aldo Leopold proposait dans les années 1940 de « penser comme une montagne ». À sa suite, Gary Snyder (né en 1930) – magnifique poète du sauvage et biorégionaliste chevronné – nous invite ici à nous mettre dans la peau des bassins-versants pour construire de nouvelles solidarités politiques.

« Un « grand écosystème » a sa propre cohérence fonctionnelle et structurelle. Très souvent, il contient ou il est à l'intérieur d'un bassin-versant. Habituellement, un grand écosystème est plus grand qu'un comté, mais plus petit qu'un État de l'Ouest américain. Ce type d'écosystème peut être appelé « biorégion ».

Un groupe de gestionnaires des terres fédérales et des terres d'État basé en Californie, qui essaie de travailler conjointement pour résoudre les problèmes liés à la biodiversité, a récemment réalisé que leur travail serait plus productif s'ils réfléchissaient à partir du cadre qu'offrent les régions naturelles. Leur « mémorandum d'entente » d'interorganisme nous invite à « dépasser les pratiques actuelles qui protègent les sites, les espèces et les ressources de manière individuelle... pour protéger et gérer également les écosystèmes, les communautés biologiques et les paysages ». Le mémorandum se poursuit en insistant sur le fait que « les agences publiques et les groupes privés doivent coordonner la gestion des ressources et les activités de protection de l'environnement, et trouver des solutions régionales aux problèmes et aux besoins régionaux ». [...]

D'après ce que je peux voir, [cette] « proposition biorégionale » californienne, qui est certes intelligente, mais jusque-là inoffensive, n'est qu'une simple base de travail susceptible de déboucher sur de nouvelles réflexions et un certain degré de coopération entre agences. La partie la plus originale touche à la création de « conseils biorégionaux » qui auraient leur mot à dire dans le processus décisionnel. On ne sait néanmoins pas qui serait représenté dans les conseils biorégionaux. Encore plus proche des racines, le mémorandum qui a amorcé toute cette fureur suggère que l'on forme des « conseils de bassins-versants », qui, reposant sur des communautés organisées par filière, seraient réellement des entités locales qui aideraient à dessiner des accords pour la conservation de la diversité naturelle. Comme, aider à protéger les aires de reproduction des saumons sauvages qui viennent encore (incroyablement) dans le désert de gravier que constitue la partie inférieure de la Yuba. Pour qu'un tel projet aboutisse, il faudrait qu'un certain nombre de groupes et d'agences travaillent collectivement et que la Yuba County Water Agency, habituellement tournée vers le développement, donne sa bénédiction.

Le terme *biorégion* a été adopté par les signataires du mémorandum sur la diversité biologique comme un terme technique issu du champ de la biogéographie. Il est peu probable qu'ils aient su qu'il y avait déjà des groupes d'individus aux États-Unis et au Canada qui parlaient en termes de sociétés biorégionales. Je doute qu'ils aient entendu parler du premier North American Bioregional Congress qui s'est tenu dans le Kansas à la fin des années 1980. Ils ne savaient pas du tout que depuis 20 ans déjà des habitants-des-lieux communautaires et écologistes vivaient dans des régions qu'ils appellent « Ish » (le détroit de Puget et la partie sud de la Colombie-Britannique) ou « Columbiana » (la partie supérieure de la Columbia) ou « Mesechabe » (la partie inférieure du Mississippi), ou « Shasta » (la Californie du Nord) et que tous produisent des newsletters, organisent des sorties sur le terrain et des rassemblements et qu'ils participent en plus à la vie politique locale.

Que l'idée de « biorégion » ait été un bien ou un mal pour les signataires de l'accord sur la biodiversité, dépend de comment vous voyez les choses. Or, il se trouve que les avocats du biorégionalisme pensent eux aussi que les « conseils biorégionaux » sont les éléments de base d'une stratégie à long terme pour une durabilité sociale et environnementale.

Un bassin-versant est quelque chose de merveilleux à prendre en compte : ce processus (pluie, cours d'eau, évaporation des océans) fait que chaque molécule d'eau sur Terre fait le grand voyage tous les deux millions d'années. La surface est sculptée en bassins-versants – une sorte de ramification familiale, une charte relationnelle et une définition des lieux. Le bassin-versant est la première et la dernière nation dont les limites, bien qu'elles se déplacent subtilement, sont indiscutables. Les races d'oiseaux, les sous-espèces d'arbres et les types de chapeaux ou les habits de pluie se répartissent souvent par bassins-versants. Pour le bassin-versant, les villes et les barrages sont éphémères et ne comptent pas plus qu'un rocher qui tombe dans la rivière ou qu'un glissement de terrain qui bouche temporairement la voie. L'eau sera toujours là et elle arrivera toujours à se frayer un passage. Aussi contrainte et polluée que puisse être la rivière de Los Angeles aujourd'hui, on peut aussi dire que de manière plus globale cette rivière est vivante et qu'elle coule bien en dessous des rues de la ville dans des caniveaux géants. Peut-être que de telles déviations l'amusent. Mais nous qui vivons à l'échelle des siècles et non de millions d'années devons maintenir ensemble le bassin-versant et ses communautés afin que nos enfants puissent profiter de l'eau pure et de la vie qui gravite autour de ce paysage que nous avons choisi. Du plus petit des ruisseaux situés au sommet de l'arête jusqu'au tronc principal d'une rivière approchant les plaines, la rivière ne constitue qu'un seul lieu et qu'une seule terre.

Le cycle de l'eau inclut nos sources et nos puits, le manteau neigeux de la Sierra Nevada, nos canaux d'irrigation, nos stations de lavage et les saumons qui remontent la rivière au printemps. C'est la rainette crucifère dans l'étang et le pic glandivore qui papotent sur le reste d'un vieux tronc. Le bassin-versant ne répond pas à la dichotomie ordonnée/désordonnée, car ses formes sont libres, mais d'une certaine manière inévitables. La vie qui se développe à l'intérieur du bassin-versant constitue la première forme de communauté.

Le programme d'un conseil de bassin-versant commence de manière modeste : « Essayons de réhabiliter notre rivière de telle manière que le saumon sauvage puisse s'y reproduire de nouveau. » En essayant de compléter ce programme, une communauté est susceptible de devoir lutter contre l'industrie forestière commerciale en amont, l'accaparement de l'eau pour sa vente en aval, la pêche au filet taïwanaise au large dans le Pacifique Nord et toute une série d'autres menaces nationales et internationales pour la santé du saumon.

Si une foule de gens se joint à l'effort – des gens de l'industrie forestière et du tourisme, des *ranchers* et des paysans bien établis, des retraités qui pêchent à la mouche, des entreprises et les nouveaux-arrivants qui vivent dans les forêts –, quelque chose pourrait en sortir. Mais si cet accord commun était imposé d'en haut, ça n'irait nulle part. Seul un engagement populaire sur le long terme pour préserver le territoire peut apporter la stabilité politique et sociale nécessaire à la conservation de la richesse biologique des régions californiennes.

Partie 3
Politiques de bassins-versants

Les bassins-versants, enfin, recoupent de nombreux enjeux politiques. Milieux de vie plus qu'humains, ils sont à la jonction de l'écologique et du social. Ils méritent donc d'être considérés, dans une perspective de transformation de nos modes de vie, comme des espaces stratégiques d'action citoyenne.

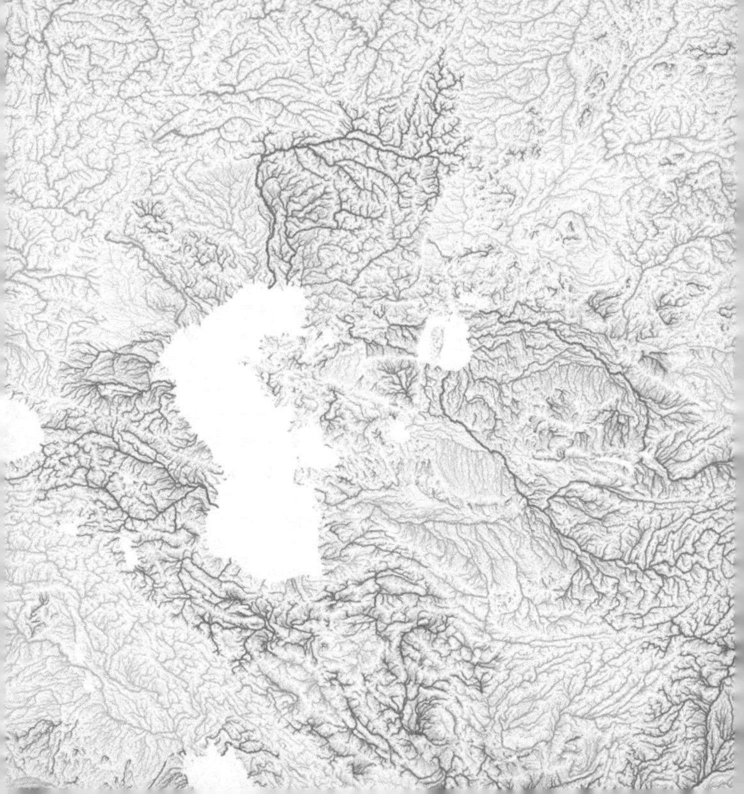

Seules les frontières de l'eau...

PETER BERG,
« CULTIVER UNE POLITIQUE DES LIEUX DE VIE »,
1986

Avec le concept de « lieu de vie », Peter Berg (1937-2011), l'un des fondateurs du biorégionalisme, invite ici à transformer ce que nous entendons par territoire. *Dans la proposition politique qui suit, il cherche des pistes pour réancrer les voisinages dans le tissu du vivant et réinventer des socialités plus qu'humaines.*

« Les conclusions les plus évidentes cachent parfois les situations les plus mystérieuses. Demandez aux habitants des villes d'où vient l'eau qu'ils boivent, par exemple. La plupart répondront quelque chose comme, « *Du robinet, bien sûr. Vous en voulez ? Il suffit de tourner la poignée. Une autre énigme intemporelle pour laquelle vous auriez besoin d'aide ?* » Il en va ainsi, tout particulièrement si vous avez passé votre vie à maîtriser la survie en appartement. Mais le robinet n'est que le dernier endroit par lequel l'eau est passée, non pas là d'où elle vient. Avant cela, elle était dans les tuyaux, et avant encore dans les conduites d'eau. Elle y est arrivée depuis un réservoir, et depuis un aqueduc connecté à un lac de stockage. « *Dites-moi donc le nom du lac et je saurai d'où vient vraiment l'eau.* »

Trouver son nom et, mieux encore, marcher sur les bords de ce lac s'apparente définitivement à une première étape vers l'acquisition d'un sens du soin et de la gratitude. Mais même ce lac n'est qu'un endroit parmi d'autres où l'eau est passée. Elle est arrivée là par le ruissellement des eaux de pluie ou de la neige tombées des nuages. Et les nuages, d'où viennent-ils alors ? Des eaux évaporées de l'océan ? De la rencontre de deux systèmes climatiques ? Quelles que soient les forces impliquées dans la formation d'un nuage particulier, la source de chaque particule d'eau qui s'y trouve demeure un profond mystère. Si quoi que ce soit peut être dit sur l'état par excellence de l'eau, c'est probablement qu'elle ne finit et ne commence nulle part, mais qu'elle est prise dans un cycle permanent qui l'emmène d'une forme et d'un emplacement vers un autre.

Voilà une observation simple : nous vivons toutes et tous dans un lieu géographique précis. Et voilà la situation mystérieuse et primordiale qui l'accompagne : les lieux dans lesquels nous vivons sont vivants. Ils sont des biorégions, des lieux de vie uniques avec leurs propres sols et topographies, leurs bassins-versants et climats, leurs plantes et animaux indigènes, et plein d'autres caractéristiques naturelles distinctives. Chaque caractéristique affecte les autres et est affectée par elles, comme dans n'importe quel système vivant ou n'importe quel corps. Pas seulement « des montagnes », mais les Appalaches ou les Rocheuses. Pas seulement des « vallées de rivière », mais l'Hudson ou le Sacramento.

Les populations humaines sont aussi une partie intégrante des lieux de vie. Ce que nous faisons les affecte, et nous sommes affectés par eux en retour. En dernier ressort, les vies des biorégions soutiennent nos propres vies, et la manière dont nous vivons en devient cruciale pour leur capacité à en faire autant.

Savoir que l'eau est toujours prise dans un cycle a une grande valeur pratique (quelle que soit la fragilité de notre perception de chaque phase du cycle). Cela signifie, par exemple, que rejeter des eaux usées ou chimiquement polluées ne permettra pas vraiment de se débarrasser de ces polluants. Ils seront juste transportés dans le flux suivant, où qu'il soit : la prise d'eau d'une ville en aval, peut-être, ou à travers le sol pour s'infiltrer ensuite dans un puits. De l'eau que nous avons utilisée a de bonnes chances de devenir rapidement celle de quelqu'un d'autre – limiter ce que nous mettons dedans et la traiter avant de la renvoyer dans le flux devient un enjeu de responsabilité et de réciprocités sociales. C'est la base de ce qu'on pourrait appeler une « politique du cycle de l'eau », et qui est une sérieuse affaire. La majorité des gouvernements des métropoles, villes et comtés ont des départements officiels qui supervisent les ressources en eau et les eaux usées ; et les questions de qualité et d'usage de l'eau peuvent soulever de profonds débats publics.

Quelle est la réponse pratique pour savoir ce que nous partageons au sein des vies multiples des biorégions ? Si ce que nous faisons les dégrade, comment cela fait-il écho à nos concepts de responsabilité et de réciprocité sociales ? Qu'est-ce qu'une politique des lieux de vie ?

Système racinaire

Il convient peut-être mieux de commencer par regarder les conditions réelles qui existent là où les gens vivent. Cela peut faire courir le risque d'une particularisation outrancière, mais on évitera au moins le genre de généralisation excessive et d'abstraction qui font que la pensée politique soit pourrie par l'idéologie.

En ce moment même, je suis dans un bassin-versant de quatre-vingt-dix kilomètres de long, clairement défini, et qui se jette dans l'océan Pacifique sur une portion assez reculée de la côte nord de la Californie. J'ai enseigné des sonnets de Shakespeare (« Quand je considère que tout ce qui grandit... ») dans la petite école où va ma fille, j'ai participé dans un programme de travail-études au sujet des arbres fruitiers avec un maître local de l'élagage, et apporté mon aide à des projets communautaires. On nous a prêté un chalet qui nous fournit de la chaleur grâce à un poêle à bois et de la lumière *via* des lampes à kérosène. L'eau provient du même ruisseau qui coule ensuite dans des bassins d'élevage de saumons, tenus par des fermiers autodidactes qui essaient de ramener les poissons indigènes à leur niveau de population historique dans ce cours d'eau.

La vie ici n'a jamais été très prospère. Des familles qui vivent ici depuis cinq générations coupent et transportent encore du bois de chauffage, maintiennent d'excellents jardins, et font des bocaux avec à peu près tout – des cerises au saumon. C'est ainsi que font nombre de ces pionniers d'un genre nouveau. La plupart des tâches demandant le travail de plus d'une personne sont réalisées grâce à des échanges informels ou sur une base volontaire qui perdure grâce à la bonne volonté du voisinage (les compétences des gens et les services qu'ils peuvent offrir sont vastes et parfois stupéfiants). Un garage de pompiers volontaires est l'institution municipale la plus visible de la ville d'à côté, et un petit bureau de poste est le seul signe de l'existence d'un gouvernement national distant.

Si jamais on appelle des voitures de police, elles viennent du bureau du shérif du comté, à une heure et demie de route à travers les crêtes montagneuses. « Anarchisme populaire » ne serait pas un mauvais terme pour définir l'éthos social qui guide ces relations généralement respectueuses entre les résidents de la vallée. La majorité d'entre eux sont là car ils aiment ce mode de vie.

« Tu rends ça un peu trop idyllique », fait remarquer mon ami élagueur. « Je vis ici, et ça me donne envie de déménager dans ce lieu que tu décris. Tu as oublié de parler de la mentalité qui t'autorise à faire n'importe quoi sur le terrain qui t'appartient, y compris le détruire. Et qu'en est-il des querelles sur les droits d'eau ou des rancunes personnelles qui peuvent durer des années ? »

Il y a tout cela aussi, en effet – mais un visiteur qui aurait un quelconque intérêt à inverser la dégradation des lieux de vie ne pourrait s'empêcher d'être frappé par la profondeur du système racinaire qui existe ici pour habiter le futur de façon soutenable. Une abondance de bois local renouvelable pour se chauffer, de l'eau de qualité en provenance des chutes et ruisseaux, des matériaux de construction naturels, des sols variés et cultivables, et un approvisionnement naturel en nourriture – du poisson comme des ressources indigènes. Les ressources humaines comprennent des compétences larges, un esprit de mutualisme informel, un travail scrupuleux de préservation naturelle et d'amélioration des projets piscicoles, et une culture tournée vers l'écologie en pleine expansion.

Dans les faits, parvenir à une harmonie viable avec les systèmes naturels de cette vallée est une autre affaire, et est bien plus difficile qu'il ne pourrait sembler à un visiteur occasionnel. En un sens, cela demanderait l'acceptation d'une perspective politique différente de tout ce que les gens ici (ou ailleurs) ont pu connaître.

Commençons par le lieu lui-même, qui n'a pas été très bien traité au cours du dernier siècle, depuis que les colons sont arrivés et que les habitants autochtones ont souffert d'extermination ou de déplacement forcé. Le surpâturage des bovins et des moutons (impliquant de brûler des forêts pour élargir les pâturages), ainsi que le bûcheronnage brutal ont abîmé la majorité des collines. L'érosion consécutive a emporté de vastes quantités de sols, a causé d'immenses glissements de terrain, et a rempli la rivière autrefois cristalline de bancs de graviers. Un futur soutenable devrait être avant tout basé sur un engagement local à restaurer et conserver la rivière, les sols, les forêts, et la vie sauvage qui soutient en dernier ressort la possibilité d'habiter ici.

Ensuite viendrait le développement de moyens pouvant satisfaire les besoins humains qui seraient à la fois durables et autosuffisants. La production actuelle de nourriture, bien que plus visible qu'en d'autres endroits, est en réalité minimale. Même le foin pour les animaux vient souvent de l'extérieur de la vallée. Les besoins en énergie, maintenant partiellement satisfaits grâce au bois local, pourraient être complètement couverts en utilisant des techniques alternatives et d'autres sources renouvelables telles que l'énergie solaire ou micro-hydraulique. L'essence est actuellement un cinquième plus cher ici qu'il ne l'est juste à l'extérieur de la vallée. Presque tous les biens manufacturés sont transportés, par camion ou par bateau, depuis l'extérieur. Il y a quelques professionnel·les de la santé, mais les cas compliqués (ou ceux requérant des soins optiques ou dentaires) sont obligés de voyager au-delà des limites du bassin-versant pour être soignés. Et les transports publics sont inexistants.

Enfin, il y a le problème de gagner sa vie dans un lieu où il y a peu d'emplois réguliers. Les revenus liés à l'actuel boom de la culture de marijuana (qui existe aussi dans de nombreuses autres régions profondément rurales) sont perpétuellement mis en péril par les zélateurs du maintien de l'ordre. Même si la marijuana était légalisée, la solution économique la plus efficace à long terme serait de s'appuyer sur des activités existantes qui sont à l'épreuve des fluctuations et compatibles avec la restauration, plutôt qu'avec la poursuite de l'appauvrissement des systèmes naturels – des projets d'amélioration des conditions naturelles, l'éducation (particulièrement autour de pratiques piscicoles, forestières, pastorales et agricoles soutenables), des services aux visiteurs, ainsi qu'une culture et un artisanat locaux. Dans le même temps, le besoin interne d'argent pourrait être réduit grâce à des engagements communautaires qui « créent de l'argent sans utiliser d'argent » – quelques grandes fermes gérées en commun, des coopératives de partage d'outils et de machines, des échanges de main-d'œuvre en vue de nouvelles améliorations telles que : rénover les maisons pour augmenter l'efficacité énergétique, une monnaie locale ou un système de crédits local pour échanger biens et services, un système de partage des moyens de transport, et d'autres façons formelles d'augmenter les interdépendances sociales.

Restaurer les systèmes naturels, satisfaire les besoins humains essentiels, et développer le soutien aux individus : voilà les prérequis fondamentaux de la soutenabilité, qui devraient donc être les objectifs, dans notre vallée, d'une politique biorégionale à l'échelle du bassin-versant. Atteindre cela est déjà la préoccupation de certains des nôtres, et leur nombre pourrait facilement augmenter à l'avenir. Néanmoins, celles et ceux qui sont investis depuis le plus longtemps sentent qu'ils n'en verront jamais la réalisation complète de leur vivant. Combien de générations cela pourrait-il prendre de restaurer cette vallée (d'ailleurs, cela a-t-il déjà véritablement eu lieu quelque part) ? Jusqu'à quel point ce lieu peut-il devenir autonome en nourriture, énergie, manufacture, éducation et santé ? Dans quelle mesure un soutien extérieur continu serait encore nécessaire, et sous quels termes un soutien au-delà du bassin-versant devrait être assuré ? En vue d'augmenter l'interdépendance sociale, quels moyens politiques peuvent permettre à toutes les croyances personnelles, individualistes et différentes qui existent ici de se fondre dans une coopération formelle sans perdre l'esprit de liberté que la vallée nourrit en ce moment ?

Plus proche de nous, il y a nombre de problèmes qui demandent une attention immédiate. Il devrait y avoir un moratoire sur l'abattage des quelques peuplements d'arbres primaires qui subsistent encore. Un programme de recyclage complet doit remplacer le transport des déchets non triés de la décharge locale. Un plan énergétique à l'échelle de la vallée devrait être planifié et mis en action. Une éducation de bassin-versant, bien que déjà un peu présente au lycée, devrait être une préoccupation élargie aux écoles primaires et aux collèges, et devrait aussi être offerte aux adultes. Il y a beaucoup à faire pour occuper tout le monde avant que la politique puisse être profondément remaniée autour des principes de restauration des systèmes naturels, de satisfaction des besoins humains et de développement du soutien aux individus.

Des gouvernements évolutifs à l'échelle des bassins-versants

Cultiver une politique des lieux de vie doit se baser sur la réalité de ce qu'est la vie en un lieu donné, et il est nécessaire que nous nous rappelions qu'aucun fait ne s'établit sans preuve. Quelqu'un doit faire quelque chose de cohérent avec la perspective de s'adapter à des processus naturels en cours, avant que qui que ce soit de raisonnable ne soutienne cette perspective.

Par exemple, aucune agence extérieure n'a proclamé que l'augmentation du nombre de saumons devait commencer dans cette vallée. Le désir de voir autant de saumons qu'avant nager de nouveau dans la rivière a conduit quelques personnes à enquêter sur la manière dont cela pouvait être accompli et les a conduits à s'engager dans un travail chronophage (avec de nombreux et frustrants faux-départs et erreurs) qui a finalement conduit à quelques petites réussites. Ils ont communiqué leur vision à d'autres personnes, les ont impliquées dans le projet, et ont par conséquent augmenté les chances d'y arriver. Maintenant que plus de voisins sont impliqués, les menaces à la restauration des saumons – telles que la perte d'habitat des poissons à cause de l'exploitation forestière, le surpâturage, la surpêche et la destruction des courants – deviennent des problématiques plus largement connues et comprises. Si cela devient une éthique globalement partagée, la phrase « Ne faites rien qui puisse nuire au cycle de reproduction » pourrait conduire à de profonds changements dans cette vallée.

Une politique biorégionale prend son origine avec des individus qui s'identifient à des lieux réels et trouvent des voies pour interagir de façon positive avec la toile du vivant autour d'eux. S'impliquer de proche en proche entre voisins d'un même bassin-versant (*watershed*) crée un bassin social (*socialshed*). Ce groupe originel est et restera l'unité la plus importante des interactions politiques biorégionales. Plusieurs bassins sociaux de voisins travaillant sur une grande variété de projets différents (coopératives, jardins communautaires, énergies renouvelables, éducation biorégionale, recyclage, et bien d'autres) peuvent facilement se fédérer pour former une organisation élargie à l'ensemble de la communauté locale. Dans les faits, ce serait un conseil de bassin-versant, pouvant légitimement revendiquer la représentation de ce lieu partagé en étroite collaboration.

Un conseil de bassin-versant est le forum approprié pour adresser directement les problématiques d'habitation, et aussi pour définir de nouveaux objectifs qui seraient basés sur les principes de restauration naturelle, de satisfaction des besoins humains et de soutien aux individus. Il pourra, de fait, affronter les institutions de gouvernement les plus proches (village, ville et département) pour défendre une position. Ces gouvernements établis peuvent être des unités arbitraires d'un point de vue biorégional – avec leurs frontières non naturelles tracées à la règle et leur contrôle sur une myriade de géographies naturelles –, mais leurs politiques ont des effets réels sur les lieux de vie et ne peuvent être ignorées si jamais un conseil autonome faisait pression pour s'autodéterminer au sein d'un bassin-versant.

Les biorégions entières sont généralement plus vastes qu'un seul bassin-versant et sont recouvertes de formes de gouvernement tout aussi arbitraires mais souvent plus puissantes : plusieurs départements, des régions, des États, des directions nationales, des agences extérieures – bien trop, en réalité, pour être des institutions utiles, à même de résoudre des problèmes à l'échelle d'une biorégion. Plutôt que de chercher à influencer quoi que ce soit de plus large que les gouvernements locaux, les conseils de bassin-versant doivent s'unir pour former un corps indépendant qui puisse représenter leur biorégion entière. Un conseil de notre vallée, par exemple, tout en tenant des positions sur les problématiques des villages et des villes, pourrait aussi se regrouper avec des groupes similaires de la Californie du Nord (la biorégion Shasta) dans une fédération ou un congrès.

Les conseils de bassin-versant et les congrès biorégionaux ont, de fait, éclos dans certaines parties de l'Amérique du Nord, se reliant de la Cascadia (sur la côte nord-ouest du Pacifique) jusqu'à New York (en bas de l'estuaire de l'Hudson). On pourrait se demander – et même l'*establishment* environnementaliste le fait – si ces nouveaux groupes sont vraiment nécessaires. Mais les objectifs de soutenabilité peuvent-ils être atteints à travers les formes existantes ? Et ne serait-ce pas mieux si l'on s'efforçait de faire fonctionner les formes existantes plutôt que d'en créer d'autres qui seront, de toute façon, considérées comme inacceptablement radicales ? Et *quid* pour les autres lieux que les vallées reculées, et notamment les régions plus peuplées ou plus proches des centres métropolitains ?

Cela va sans dire que créer un nouveau canevas de formes politiques est difficile et que ce sera inévitablement vu, au départ, comme trop radical (ce qui est en partie justifié si l'on considère les personnes frustrées ou ambitieuses que cela peut attirer). La seule raison d'en prendre la peine est de gagner quelque chose d'absolument nécessaire, et que nous ne pouvons atteindre à travers les moyens existants. La question devient alors : n'y a-t-il aucune autre manière de préserver les lieux de vie ? Les instances les plus locales mises à part, les divers gouvernements et partis politiques dominants ne sont pas ouverts, en général, à faire de la soutenabilité un objectif sérieux. Ils semblent déjà à peine capables d'entendre les protestations des environnementalistes réformistes contre la destruction à grande échelle de la biosphère de notre planète, et ne sont pas susceptibles de prendre au sérieux les biorégionalistes avant que le District de Columbia[14] lui-même ne devienne totalement inhabitable. Le gouvernement a confisqué la défense des lieux de vie aux gens qui y vivent. Des conseils de bassin-versant et des groupes biorégionaux sont nécessaires pour sécuriser les droits à l'habitation.

La soutenabilité est-elle vraiment nécessaire ? Plutôt que de passer en revue les histoires horribles de colonisation et d'épuisement des ressources environnementales du 20e siècle encore à l'œuvre aujourd'hui – et qui, sans opposition, s'étendront assurément sous une forme aggravée au siècle prochain –, concentrons-nous simplement sur qui nous voulons être. Souhaitons-nous nous dégrader nous-mêmes en participant à la dégradation de l'humanité et de la planète ? Et ces deux processus ne commencent-ils pas là où nous vivons ? L'insoutenabilité n'est simplement pas une alternative en faveur de la vie. La lutte est nécessaire pour atteindre la soutenabilité, comme elle l'est pour la liberté.

En nous abstrayant de la situation d'une vallée du nord de la Californie pour penser d'autres lieux,

---

14. NDT : Région située autour de la capitale nationale de Washington.

ne commettons-nous pas de nouveau la même erreur que celle qui a conduit la pensée politique à être pourrie par l'idéologie ? Eh bien, franchement, oui. Il n'y a pas deux lieux de vie qui soient les mêmes, d'une part, et les différences entre une région reculée, rurale, suburbaine ou urbaine sont énormes. Y a-t-il pour autant des similarités ? Là aussi, oui. Chaque site d'habitation humaine fait partie d'un bassin-versant ou d'un autre et existe à l'intérieur d'une biorégion spécifique. Les objectifs appropriés à cette vallée – de restauration des systèmes naturels, de satisfaction des besoins humains et de soutien aux individus – s'appliquent partout ailleurs où des gens vivent. Le problème de tout lieu de vie réside dans le dévoilement de la manière dont les activités humaines sont, en dernier ressort, enracinées dans des processus naturels ; et dans la découverte de la façon de s'y intégrer.

Une zone rurale plus peuplée, par exemple, peut partager le même bassin-versant qu'un centre urbain avoisinant. C'est le cas de la plupart des régions agricoles près des villes sur le littoral atlantique, de Boston à Atlanta – bien que la bordure côtière à forte densité de population soit communément vue comme une longue mégalopole, et que la connexion entre chaque ville (généralement située le long d'une rivière ou à son embouchure) et leur bassin-versant de soutien soit quasiment ignorée. Cette continuité naturelle doit être ramenée à la conscience. Et reconnaître les différences entre des biorégions entières – qui s'étendent à l'intérieur du territoire séparant la côte atlantique et les montagnes Appalaches – est une première étape importante en vue de développer la soutenabilité dans cette partie du continent.

Dans les Grandes Plaines, cependant, les villes sont plus petites et s'identifient déjà souvent avec la campagne environnante. Le problème là-bas, c'est que les usages agricoles de la terre ont presque complètement supplanté les particularités autochtones. Des exploitations agricoles gigantesques minent totalement le sol et l'eau en vue de l'exporter sous forme de céréales et de viande vers des lieux aussi éloignés que le Japon. La région des Grandes Plaines (comme les grandes vallées de Californie) est une « colonie de ressources » pour la monoculture mondiale, et est rapidement dépouillée des composantes de base à même d'assurer sa soutenabilité. Les conseils de bassin-versant et les groupes biorégionaux, dans cette part du continent qui est de plus en plus mise en danger, militent pour la restauration des prairies originelles, des méthodes agricoles non abusives, et une plus grande diversification afin de limiter la dépendance aux monocultures.

Il y a une diversité phénoménale parmi les biorégions, du désert du Sonora au golfe du Maine, des Grands Lacs aux monts Ozarks, mais le schéma pour cultiver une politique des lieux de vie – en commençant par des conseils de bassin social entre voisins, en les reliant *via* des conseils de bassin-versant, et se poursuivant par la création de fédérations ou de congrès biorégionaux – peut assurément leur convenir à toutes.

Une enquête-fleuve populaire

COLLECTIF DES GAMMARES (MARSEILLE),
LA GAZETTE DU RUISSEAU, 2020

Le versant politique des bassins fluviaux passe aussi par l'enquête. Ici, des habitantes et habitants de Marseille ont décidé de retrouver la mémoire, par l'arpentage, d'une rivière oubliée. Ce faisant, ils et elles créent de nouvelles manières de cohabiter – entre humains et avec leur terrain de vie – qui rendent justice à la liberté des eaux.

Remonter le courant

Un cours d'eau, qu'il soit ruisseau, rivière ou fleuve, est toujours une histoire fondatrice. Fondatrice d'un sol, du vivant, de mouvement des humains aussi.

Qu'on l'appelle Caravelle ou Aygalades, le nom de ce fleuve côtier nous raconte ces strates de la mémoire : eaux abondantes (de l'occitan *aigalada*), falaise rocheuse (de la racine celte *Car*). Un fleuve est une rivière qui se jette dans la mer. Son bassin-versant est ainsi toujours l'arrière d'un littoral et la mer, dans son immensité, la continuité de son lit.

Dans le cas de notre ruisseau, le littoral s'est depuis plus de 150 ans appelé port de Marseille. Ainsi, après avoir été l'histoire de l'eau qui abonde champs et jardins et celle des falaises qui accueillent grottes et ermites, l'histoire du ruisseau est celle du développement du port et de la transformation progressive du nord de Marseille en une vaste zone arrière portuaire et industrielle.

Alors que les affluents mais aussi les déchets et les pollutions dévalent vers la mer, c'est en remontant le courant qu'on saisit ce qui a amené le ruisseau des Aygalades/Caravelle vers sa disparition physique et son oubli dans l'imaginaire collectif comme dans la gestion urbaine. Les usages industriels, l'urbanisation et plus globalement les activités humaines ont, de béaux en buses peu à peu canalisé l'eau, de remblais en terrils rendu les berges invisibles, de rejets en capture d'eau rompu l'équilibre écologique du milieu qu'il compose. Remonter le courant d'une mémoire invisible n'est pas une mince affaire, il faut s'y mettre à plusieurs !

En 2007, Christian Breton, conservateur de patrimoine, qui depuis déjà une dizaine d'années travaille dans les quartiers nord de Marseille aux côtés des habitants, identifie à partir des plans de l'autoroute de 1933 (année des premiers dessins) et 1943 (année des premières expropriations), une galerie souterraine, traversant l'autoroute au niveau du noyau villageois des Aygalades. Cette galerie permettait de relier l'ancien pavillon du château Falque (le château lui-même ayant été détruit par l'autoroute) à l'usine Falque, l'huilerie qui deviendra bien plus tard la Cité des arts de la rue.

C'est avec le corps et collectivement, avec les habitants eux-mêmes devenus enquêteurs de leur propre quartier et avec les artistes nouvellement installés, que se fera l'exploration « en vrai » de ce souterrain urbain, à la lampe torche et au sécateur, pour finalement déboucher sur… la cascade. Et une cascade ne peut pas être qu'un égout. Une cascade, ça coule fort, c'est vivant, et ça nous rappelle à tous quelque chose de sauvage.

Et ainsi commence l'histoire du contre-courant, de la recherche des histoires perdues pour reconstituer pas à pas un autre récit du fleuve que celui de la légende nostalgique ou du caniveau. Ce récit-là pourrait peut-être nous aider à de nouveau partager l'existence du ruisseau, et par la connaissance et l'usage à en prendre mieux soin ? Cela prendra de nombreuses formes :

La marche encore, toujours, car la marche nous permet de passer du temps avec le ruisseau, et nous maintient en rencontres, en éveil, en mouvement.

L'aménagement avec les retrouvailles progressives des berges magnifiquement restaurées par la Cité des arts de la rue, ses artistes et ses « cascadeurs ».

La réappropriation collective de la mémoire avec l'incroyable, même si éphémère, histoire du jardin *Ça roule de source*, jardins partagés autour d'une source retrouvée, inventés par les habitants de la cité d'habitat social des Aygalades partis au milieu de leurs immeubles à la recherche des traces du château de Castellane.

L'imagination et les tentatives des habitants de la Viste, au-dessus de la falaise et de ses grottes, pour retisser par un cheminement ce lien à la fois topographique et social entre le plateau et la vallée.

Puis encore plus haut, en se rapprochant de la source aujourd'hui captée par la carrière des cimenteries Lafarge, **l'engagement citoyen** pour observer, et parfois dénoncer les réalités contemporaines des impacts industriels qu'on ne peut pas regarder que sous l'angle patrimonial d'une histoire locale. Aux abords du ruisseau, chacun à sa façon puis de plus en plus ensemble, notamment lors des Journées européennes du Patrimoine, nous avons commencé à remonter le cours du temps, à la recherche des histoires du ruisseau.

Mais il faudra attendre 2017 pour que s'organise pour la première fois une remontée physique et collective du ruisseau, de son embouchure à Arenc jusqu'aux sources de Septèmes. Proposée dans le cadre du contrat de baie, c'est cette fois avec des bottes que l'exploration se fait. Elle s'est déroulée sur deux jours, réunissant les associations d'habitants, les artistes, les aménageurs et cette fois également des scientifiques missionnés pour enfin étudier l'état écologique du fleuve.

De cette aventure, presque 10 ans après la redécouverte de la cascade, est né un collectif réunissant tous les acteurs de cette histoire déjà longue. Ce regroupement d'habitants et de structures actives dans le champ culturel, environnemental ou du cadre de vie a choisi le gammare pour se nommer. Le récit de cette petite crevette de ruisseau vous est raconté dans cette première *Gazette* qui, deux fois par an, partagera des histoires, transmettra des informations et proposera des actions pour s'impliquer dans le devenir du fleuve côtier. On y partagera les connaissances collectées au travers des conférences, des balades et des multiples actions associatives, avec pour objectif commun de participer à la restauration écologique du ruisseau et à sa meilleure intégration dans notre ville et dans nos vies.

⋆

Réunissant des structures et des habitants actifs le long du ruisseau, le collectif des Gammares souhaite prendre soin du ruisseau, favoriser un meilleur partage des connaissances, relier les initiatives et les territoires du bassin-versant, proposer des actions communes en vue de participer à la restauration écologique du fleuve côtier Aygalade/Caravelle.

Le collectif réunit à ce jour le Bureau des guides du GR2013, Hôtel du Nord, l'ApCAR (Association pour la Cité des arts de la rue), les CIQ riverains, les AAA (Association des Amis des Aygalades), l'association AESE (Action Environnement Septèmes et Environs), les artistes-voisins, Sud Side et le Collectif SAFI.

Plonger dans les eaux démocratiques

VANDANA SHIVA, *LA GUERRE DE L'EAU*, 2002

Comment les collectifs humains ont-ils historiquement géré l'accès à l'eau ? Depuis les réalités indiennes, l'éco-féministe Vandana Shiva (née en 1952) nous rappelle que l'eau est un bien commun dont les communautés habitantes n'ont été dépossédées que tout récemment. La défense des droits de l'eau est donc un des enjeux démocratiques majeurs propres à nos temps bouleversés.

« **Droit des communautés et démocraties de l'eau**

Les systèmes de gestion durable de l'eau se sont développés, dans des conditions de rareté, à partir d'une idée transmise de génération en génération : celle de la propriété collective de l'eau. Le travail collectif de préservation et de construction était le principal investissement dans les ressources en eau. En l'absence de capitaux, la majeure partie de l'intrant ou des investissements dans les systèmes d'alimentation en eau étaient fournis par le travail collectif. Anupam Mishra, de la Gandhi Peace Foundation, remarque que :

Les différentes façons de collecter les gouttes de Palar, ou d'eau de pluie, sont aussi nombreuses que les mots qui existent pour désigner les nuages et les gouttes. La jarre, comme l'océan, se remplit goutte à goutte. Ces belles leçons ne s'apprennent pas dans les livres ; elles sont gravées dans la mémoire de notre société. C'est de cette mémoire que viennent les shrutis de nos traditions orales. [...] Les habitants du Rajasthan n'ont voulu confier l'organisation de cette tâche sans fin ni à un gouvernement central, ni à un gouvernement fédéral, ni même à ce qu'on appelle dans le jargon contemporain la « sphère privée ». C'est le peuple lui-même qui, dans chaque foyer et dans chaque village, a réalisé, entretenu et développé cette structure.

Pindwari signifie venir en aide aux autres par ses efforts, son labeur, en travaillant dur. Les gouttes de sueur continuent à couler le long des tempes du peuple du Rajasthan pour recueillir les gouttes de pluie[15].

Dans les régions du Gujarat, sujettes aux sécheresses, les systèmes d'alimentation en eau basés sur une gestion locale constituaient une sorte d'assurance en cas de pénurie d'eau. Ces systèmes étaient principalement contrôlés par des assemblées villageoises. Dans le cas d'inondations, de famine ou d'autres calamités, le roi venait également en aide aux communautés locales ; le rôle de l'autorité

15. Anupam Mishra, « The Radiant Raindrops of Rajasthan », traduction de Maya Jani (New Delhi : Research Foundation for Science, Technology and Ecology, 2001).

centrale était donc avant tout d'atténuer les effets des désastres. Les institutions locales de gestion de l'eau comprenaient des associations d'agriculteurs, des fonctionnaires et des techniciens chargés de l'irrigation locale, des associations villageoises et le système de travail communautaire, auquel contribuait chaque famille.

En Inde, les associations d'agriculteurs pour la construction et l'entretien des réseaux d'alimentation hydrique étaient autrefois très nombreuses. Au Karnataka et au Maharashtra, ces associations étaient appelées *panchayats*. Au Tamil Nadu, on les appelait *nattamai*, *kavai maniyam*, *nir maniyam*, *oppidi sangam*, ou *eri variyam* (comité de réservoirs). Les étangs et les réservoirs desservaient souvent plus d'un village ; dans ce cas, des représentants de chaque village ou de chaque association d'agriculteurs assuraient le contrôle démocratique des réserves. Ces comités pouvaient également collecter des redevances ou des impôts sur l'utilisation des réservoirs. On faisait également donation de terres, surtout pour financer des investissements de capitaux dans les systèmes hydrauliques.

Dans ces systèmes hydriques villageois, des fonctionnaires de l'irrigation veillaient au fonctionnement quotidien des systèmes d'irrigation. Dans l'Himalaya, où les besoins collectifs d'irrigation étaient assurés par des *kuhls*, les gestionnaires de l'irrigation étaient appelés *kohlis*. Au Maharashtra, on appelait ces fonctionnaires *patkaris*, *havaldars* ou *jogalaya*. Au Karnataka et au Tamil Nadu, on les appelait *nirkatti*, *nirganti*, *nirpaychi*, *niranikkans*, ou *kamkukatti*.

Pour garantir leur neutralité, les *nirkattis* étaient choisis parmi la caste sans terre, les Harijans, auxquels les propriétaires terriens et les autres castes accordaient une vraie autonomie. Seuls les Harijans avaient le pouvoir d'ouvrir et de fermer les réservoirs et les conduits d'eau. Une fois que les fermiers avaient établi les règles de distribution de l'eau, ils n'avaient plus aucune possibilité d'intervenir à titre individuel – et ceux qui tentaient de le faire risquaient une amende. Ce système, qui protégeait les associations contre le pouvoir économique des particuliers, était le garant d'une utilisation démocratique de l'eau.

Les compensations étaient fonction de l'investissement en travail de chacun, auquel ne pouvaient être substitués ni des capitaux, ni le travail d'autrui. Dans l'Inde du Sud, le travail collectif formait le gros des investissements dans la construction et l'entretien des systèmes villageois d'alimentation en eau, appelés *kudimaramath*. Toute personne valide était tenue de participer à l'entretien et au nettoyage des canaux. Les *nirkattis* faisaient eux aussi appel aux agriculteurs pour nettoyer les réservoirs et les conduits dans les champs. L'*arthasastra*, un ancien traité économique, prescrivait des punitions pour ceux qui ne remplissaient pas leurs obligations en termes de construction coopérative. Les contrevenants devaient envoyer leurs domestiques et leurs bœufs finir leur part du travail, et partager les frais sans s'attendre à aucune compensation.

Les systèmes d'autogestion pâtirent de la prise de contrôle des ressources en eau par le gouvernement, au cours du règne britannique. Le système de propriété collective fut davantage affaibli encore par l'apparition des puits forés et « tubés », qui entraîna les exploitants individuels dans une dépendance envers les capitaux. Les droits collectifs sur l'eau furent sapés par l'intervention de l'État, et le contrôle des ressources fut transféré à des agences externes. Les revenus ne furent plus réinvestis dans les infrastructures locales, mais détournés vers les administrations du gouvernement.

Le système de droits communautaires est un impératif écologique et démocratique. Le contrôle bureaucratique par des agences externes et distantes, et le contrôle marchand par les entreprises et les intérêts commerciaux ont tous deux un effet dissuasif sur la préservation de l'eau. Lorsque les seuls bénéficiaires des efforts et des ressources des communautés locales sont des agences extérieures, qu'elles soient bureaucratiques ou commerciales, ces communautés ne font plus d'efforts pour préserver l'eau ou pour entretenir les réseaux hydrauliques.

La hausse des prix, dans des conditions de marché libre, ne mènera pas à la préservation de l'eau. Vu l'énormité des inégalités économiques, il y a de grandes chances pour que les plus riches gaspillent l'eau pendant que les pauvres paient l'addition. Les droits collectifs sont un impératif démocratique : ils obligent les États et les intérêts commerciaux à rendre des comptes, et défendent les droits des citoyens sur l'eau, dans le cadre d'une démocratie décentralisée.

[...]

Les principes de la démocratie de l'eau

Au cœur des solutions marchandes à la pollution, un postulat : l'eau est disponible en quantité illimitée. L'idée d'atténuer les effets de la pollution en favorisant une meilleure distribution laisse de côté le fait qu'en réorientant l'eau vers une région donnée, on crée de la rareté ailleurs.

Contrairement aux théoriciens du monde de l'entreprise, qui font la promotion des solutions marchandes à la pollution, les organisations populaires appellent à des solutions politiques et écologiques. Les communautés qui luttent contre la pollution industrielle high-tech ont proposé un Community Environmental Bill of Rights (« déclaration des droits écologiques des citoyens »), qui comprend les droits à une industrie propre, à ne pas être exposé à des matières dangereuses, à la prévention, à l'information, à la participation, à la protection et à l'application des lois, à l'indemnisation et à la réparation[16]. Ces droits sont les fondements d'une démocratie de l'eau qui garantirait le droit de chacun à une eau propre. Or, le fonctionnement du marché ne garantit aucun de ces droits.

Neuf principes sous-tendent la démocratie de l'eau :

16. South West Network for Environmental and Economic Justice and Campaign for Responsible Technology, *Sacred Waters* (1997), pp. 133-134.

1. L'eau est un don de la nature
La nature nous offre l'eau gratuitement. Nous lui devons donc d'utiliser ce cadeau dans la limite de nos besoins élémentaires, de veiller à sa propreté et à la conservation de réserves suffisantes. Les détournements d'eau, qui assèchent ou inondent des régions, violent les principes de la démocratie écologique.

2. L'eau est essentielle à la vie
L'eau est la source de vie de toutes les espèces. Toutes les espèces et tous les écosystèmes de la planète ont droit à leur part d'eau.

3. L'eau relie toutes les formes de vie
L'eau relie tous les êtres vivants et toutes les parties de la planète. Nous avons le devoir de nous assurer que nos actes ne nuisent pas aux autres espèces ni aux autres personnes.

4. L'eau nécessaire à la survie doit être gratuite
Puisque l'eau nous est offerte gratuitement par la nature, le commerce de l'eau à but lucratif est une violation de notre droit inhérent à disposer de ce cadeau naturel, et une négation des droits humains pour les plus pauvres.

5. L'eau est une ressource limitée et épuisable
L'eau est une ressource limitée : si elle n'est pas gérée de façon viable, elle peut s'épuiser. L'utilisation non viable consiste à extraire plus d'eau des écosystèmes que la nature ne peut renouveler (non-viabilité écologique) et à consommer plus que sa

part légitime, au regard des droits d'autrui (non-viabilité sociale).

6. L'eau doit être préservée
Chacun a le devoir de préserver l'eau et d'en faire une utilisation viable, en respectant les limites de l'écologie et de la justice.

7. L'eau est un commun
L'eau n'a pas été inventée par l'homme. Elle ne peut être contenue, et elle n'a pas de frontières. Elle est par nature un bien commun. Elle ne peut constituer une propriété privée, ni être vendue comme marchandise.

8. Personne n'a droit à un « permis de détruire »
Personne n'a le droit de surexploiter, de violer, de gaspiller ou de polluer les réserves d'eau. Les « permis de polluer » échangeables violent le principe d'utilisation juste et durable.

9. Rien ne remplace l'eau
L'eau est intrinsèquement différente des autres ressources et des autres produits. On ne peut la considérer comme une marchandise.

Chaque rivière est une personne

Ailton Krenak
« Du rêve et de la Terre », 2020

Habiter, pour les populations autochtones qui n'ont jamais perdu ce lien, c'est vivre en appartenant à un milieu de vie plus qu'humain. Ici, le philosophe amérindien Ailton Krenak (né en 1953) questionne les rapports au monde de l'Occident ravageur et ouvre la porte à de nouvelles solidarités internationales, basées sur le soin des eaux.

« De la région du Nordeste à l'est de l'État du Minas Gerais, où se trouvent le Rio Doce et le territoire indigène des communautés krenaks, en Amazonie, à la frontière du Brésil avec le Pérou et la Bolivie, dans la région du haut Rio Negro : dans tous ces endroits, les sociétés indigènes vivent un moment de tension dans leurs relations politiques avec l'État brésilien.

Ces tensions ne datent pas d'hier, mais elles se sont aggravées avec les récents changements politiques survenus dans la vie du peuple brésilien. Ces changements touchent de façon intense des centaines de communautés indigènes qui, depuis plusieurs décennies, réclament que les gouvernements successifs accomplissent leur devoir constitutionnel censé leur garantir le droit de disposer de leurs territoires d'origine, identifiés par la Constitution de 1988 comme terres indigènes.

Peu de gens connaissent la façon dont les peuples indigènes tissent des relations avec les lieux où ils vivent, tout comme peu de gens connaissent la manière dont l'État a attribué des finalités à ces territoires tout au long de l'histoire.

Dès l'époque coloniale, la question s'est rapidement posée à l'occupant européen de savoir comment s'approprier les terres sur lesquelles des populations qui avaient survécu aux premiers contacts tragiques issus de la conquête étaient installées. Le partage des territoires, que nous appelons aujourd'hui, pour ce qu'il en reste, terres indigènes, a dès lors représenté l'enjeu principal des relations entre les colonisateurs et les peuples autochtones.

Il est clair qu'avec l'avènement de l'État brésilien donnant suite à trois siècles de colonisation européenne, il était difficile de croire que les peuples indigènes survivraient à l'occupation de leurs terres pour faire leur entrée dans le 21e siècle. Mais il était peut-être plus difficile encore de penser qu'ils maintiendraient leurs propres formes d'organisation et seraient capables de subvenir à leurs besoins. Ceci pour la raison très simple que la machine étatique agit pour défaire toute forme d'organisation sociale résistante, en cherchant à en intégrer les populations à l'ensemble de la société.

Le conflit politique multiséculaire qui se poursuit aujourd'hui pour ces communautés qui ont survécu a pris depuis quelques décennies une dimension nouvelle. Nous devons maintenant défendre les derniers refuges où la nature est encore prospère, où nous pouvons trouver notre nourriture et nous loger, et suivre les modes de vie que chacune de ces petites sociétés a su maintenir dans le temps, ne rendant de comptes qu'à elles-mêmes et sans créer de dépendances excessives à l'égard de l'État.

Le fleuve Rio Doce, que nous, les Krenaks, appelons Watu, notre grand-père, est une personne, et non une ressource, comme disent les économistes. Ce n'est pas quelque chose que quelqu'un peut s'approprier ; c'est une partie de notre collectif qui prend consistance dans un lieu spécifique que nous habitons. Ce lieu, où nous pouvons reproduire nos formes d'organisation malgré les pressions extérieures, nous y avons été progressivement confinés par le gouvernement brésilien et nous en subissons les conséquences.

Il doit être possible de partir du peuple krenak pour parler de la relation entre l'État brésilien et les sociétés indigènes et raconter, à qui ne le sait pas, ce qui se passe aujourd'hui au Brésil avec ces peuples dont nous estimons le nombre, toutes communautés confondues, à approximativement neuf cent mille personnes – c'est-à-dire une population inférieure à celle d'une grande ville brésilienne.

Ce qui est au fondement de l'histoire du Brésil, c'est l'idée que les Indiens auraient dû contribuer au succès du projet des forces coloniales d'épuisement de la nature. Qu'ils y aient résisté, malgré les pratiques inhumaines qu'ils ont subies, en maintenant leurs formes de vie, ne leur a toutefois pas permis de conserver leurs territoires dans leur intégrité. Les Indiens nourrissent les imaginaires de nombreux Brésiliens, mais ne sont pas les bienvenus sur leurs propres terres.

En 2015, le Watu, ce fleuve qui a accompagné notre vie et celle de nos ancêtres sur les rives du Rio Doce, qui s'écoule entre l'État de Minas Gerais et l'État d'Espírito Santo, a été entièrement contaminé par un matériau toxique sur une étendue de plus de six cents kilomètres. La rupture de deux barrages de contention de déchets miniers nous a rendus orphelins en plongeant le fleuve dans le coma et nous à sa suite. Ce crime – qui ne peut être appelé un accident – a affecté nos vies de manière si radicale, que cela nous a plongés dans les conditions réelles d'un monde qui a pris fin.

Nous tentons ici d'aborder l'impact que nous, les humains, avons sur cet organisme vivant qu'est la Terre. Dans de nombreuses cultures, la Terre continue d'être reconnue comme une mère, elle pourvoit à nos besoins pour subsister et à la richesse de nos vies, tout en donnant du sens à notre existence. En différents endroits du monde, nous en sommes si radicalement séparés que nous ne remarquons même plus la circulation des peuples. Nous traversons des continents comme si nous allions là, à côté. S'il ne fait aucun doute que le développement de technologies efficaces nous permet de voyager d'un endroit à un autre, que ces équipements facilitent notre déplacement sur la planète, il est également certain qu'ils s'accompagnent d'une perte de sens de nos déplacements.

Tout se déroule comme si nous étions lâchés dans un monde vide de sens, et déchargés de toute responsabilité de forger une éthique que nous pourrions partager ; néanmoins, nous sentons continuellement le poids de ce choix sur nos vies. Nous sommes sans cesse alertés par les conséquences de ces choix que nous avons faits. Si nous prêtions davantage attention à des visions qui échappent à ce défaut de responsabilité qui s'est répandu si rapidement sur l'ensemble de la planète, nous pourrions peut-être trouver une ouverture qui favoriserait la coopération entre les peuples, non pour sauver telle ou telle ethnie, mais pour nous sauver nous-mêmes.

Il y a 30 ans, j'ai intégré un large réseau de relations pour faire connaître à d'autres peuples, à d'autres gouvernements, les réalités que nous vivions au Brésil. Il avait pour objectif l'activation d'une chaîne de solidarité avec l'ensemble des peuples autochtones situés tout autour de la planète. Mais ce que j'ai appris au long de ces décennies, c'est que tous les peuples ont besoin de se réveiller. Si pendant un temps nous avons imaginé que seuls les peuples indigènes étaient menacés d'extinction ou de rupture définitive d'avec leurs modes de vie, aujourd'hui, face à l'imminence de l'incapacité de la Terre à soutenir notre demande, nous prenons acte que nous sommes tous engagés dans un même processus d'extinction.

Comme l'a dit le chamane yanomami Davi Kopenawa, le monde croit que tout est marchandise, au point de projeter en elle tout ce que nous sommes capables de vivre et de sentir. Toute expérience des personnes en différents endroits du monde se projette dans la marchandise, laissant penser qu'elle est absolument chaque chose qui est hors de nous.

Les conséquences de cette tragédie, qui aujourd'hui a atteint le monde entier, sont retardées dans quelques régions de la planète par des pouvoirs politiques – des choix politiques – qui ont encore les moyens de créer des espaces sécurisés, préservés de la menace. Quand bien même les peuples qui y vivent ont déjà été vidés de leur véritable sens du partage et du lieu, ils sont encore protégés par un système qui dépend de plus en plus de l'épuisement des forêts, des fleuves et des montagnes. Cela nous place face à ce dilemme insensé qui est que l'unique possibilité pour que des communautés humaines continuent à exister ne peut se faire qu'au prix de l'épuisement de toutes les autres formes de vie.

L'idée que nous soyons entrés dans une ère géologique qui peut être appelée Anthropocène devrait nous alerter. Ce mot nous indique que nous marquons la planète Terre d'une empreinte si forte qu'elle provoque un changement d'ère géologique, mais surtout cela nous rappelle que les conséquences de nos actions continueront bien longtemps après notre disparition. Nous sommes en train d'épuiser les sources de la vie qui nous permettaient de prospérer et de nous sentir chez nous, et même, à certaines époques, de sentir que nous avions une maison commune dont tous pouvaient prendre soin. Nous en sommes arrivés là parce que nous excluons de la vie, localement, toutes les formes d'organisation qui ne sont pas intégrées au monde de la marchandise. De ce fait, nous mettons en danger toutes les autres formes de vie, j'entends par là toutes celles qui nous ont été données de penser comme possibles, et avec lesquelles nous avons développé un sens de la coresponsabilité nous engageant vis-à-vis des lieux où nous vivons dans le respect de la vie de tous les êtres concernés. Nous ne parlons pas uniquement ici de cette abstraction que nous avons laissée se perpétuer d'une humanité unique, qui exclut tous les autres êtres.

Cette humanité ne reconnaît pas qu'un fleuve puisse être dans le coma pas plus qu'elle ne reconnaît que ce fleuve puisse être notre grand-père. Elle ne reconnaît pas que la montagne exploitée dans quelque endroit d'Afrique ou d'Amérique du Sud et transformée en marchandise dans un autre coin de la planète soit aussi le grand-père, la grand-mère, la mère, le frère d'une constellation d'êtres qui veulent continuer à partager leur vie au sein de cette maison commune que nous appelons la Terre.

Le nom *krenak* est constitué de deux termes : l'un se retrouve dans la première syllabe, *kre*, qui signifie tête, l'autre dans la seconde, *nak*, signifie terre. Krenak est l'héritage que nous recevons de nos ancêtres, de nos souvenirs d'origine, qui nous identifie comme « tête de la terre », comme une humanité qui ne parvient pas à se concevoir sans cette connexion, sans cette profonde communion avec la terre.

Nous ne parlons pas de la terre comme un simple territoire, mais en tant que lieu que nous partageons tous, et dont nous, les Krenaks, nous sentons aujourd'hui de plus en plus déracinés. Pour nous, ce lieu a toujours été sacré, quand bien même nous ressentons chez nos voisins civilisés la honte qu'ils éprouvent à l'idée que cela puisse être considéré de cette manière.

Quand nous disons que notre fleuve est sacré, généralement les gens disent : « C'est un peu leur folklore. » Lorsque nous disons que la montagne nous indique qu'il va pleuvoir et que nous pouvons nous attendre à une journée prospère, à une bonne journée, ils disent : « Cela n'a pas de sens, une montagne ne dit rien. »

Mais lorsque nous enlevons au fleuve, à la montagne, leur personnalité, lorsque nous leur enlevons leur sens, considérant qu'il s'agit là d'attributs exclusifs des êtres humains, nous libérons les forces qui n'ont d'autre issue que de transformer ces lieux en déchets de l'activité industrielle et extractiviste. La séparation d'avec notre mère, la Terre, a pour effet sa disparition et que nous en devenions tous des orphelins. Non pas seulement ceux qu'à des degrés divers on appelle les Indiens, les indigènes ou les peuples autochtones, mais bien nous tous, tous les peuples.

Pourvu que ces rencontres, que nous avons encore la chance de partager, entre nos différentes cosmovisions, inspirent nos pratiques, nos actions, et nous donnent le courage de passer d'un comportement hostile envers la vie à une forme d'engagement vis-à-vis d'elle. Ceci implique, pour nous autres, que nous arrivions à partager notre vision au-delà des seuls lieux auxquels nous sommes attachés et où nous vivons. Nous devons trouver un moyen de toucher des formes de sociabilité et d'organisation dont une grande partie de la communauté humaine est exclue et qui en dernière instance dépense toute la force de la Terre pour répondre à ses besoins de marchandises, de sécurité et de consommation.

Comment envisager un point de contact entre ces mondes, qui ont tant d'origines communes, mais qui sont aujourd'hui si éloignés qu'on peut trouver, à un extrême, des gens qui vivent avec un fleuve dont ils honorent l'esprit et, de l'autre, des gens qui le considèrent comme une ressource, le consomment et l'exploitent ? Avec cette conception qui attribue à une montagne, à un fleuve, à une forêt le statut de ressource, où trouver ce point de contact entre nos visions qui nous ferait sortir de cet état de non-reconnaissance des uns et des autres ?

Quand j'ai suggéré que je parlerai du rêve et de la Terre, je voulais évoquer une pratique qu'on trouve dans différentes cultures, chez différents peuples, qui consiste à reconnaître le rêve non pas comme une simple expérience onirique, propre au sommeil de chacun, mais comme une institution, c'est-à-dire comme un exercice discipliné, qui concerne le collectif, pour rechercher les orientations que nous devons donner à nos choix quotidiens.

Pour certaines personnes, le rêve est le contraire de la réalité : c'est renoncer au sens concret de la vie. Mais d'autres ne trouveraient pas de sens dans la vie si elles n'étaient pas informées par les rêves. Nous puisons dans les rêves, les chants, les techniques de guérison, l'inspiration et même la résolution de problèmes pratiques qui nous permettent de réaliser des choix qu'il serait impossible de faire sans leur contribution.

Pour ces peuples, l'institution du rêve comme discipline liée à la formation, à la cosmovision, est un chemin d'apprentissage. Le rêve, en nous permettant de communiquer avec d'autres qu'humains, nous donne accès à la connaissance de la vie. L'application de cette connaissance guide toutes nos relations avec le monde, la Terre et les autres personnes. Voilà comment le rêve et la Terre sont liés. Un premier point de contact peut-être.

Postface
« Pour une intermondiale des bassins-versants »

Un tel recueil de textes n'a assurément pas qu'une fonction descriptive. On aura clairement senti, tout au long de ces lectures, que quelque chose de plus grand se tenait derrière. Que ces *veines de la Terre*, avec lesquelles nous ouvrions notre anthologie, sont reliées à des mondes multiples qui s'entremêlent.

Déjà, un bassin-versant est tout un monde. Une ligne de partage – des eaux, mais aussi des sols, des climats et des vivants. Un réseau hydrologique qui tisse une myriade de formes entre elles et qui, en soi, fait office d'entité vivante : une continuité écologique. Un bassin-versant – ainsi entendu comme un cycle auquel se greffe la vie – s'apparente donc à une grande respiration terrestre. Tenter de lire les rivières et les fleuves, sentir leurs interdépendances (entre eux et avec le vivant) nous offre une approche nettement plus fluide de la vie. Vie qui ne vit jamais sans eau. L'eau qui, en s'écoulant, donne ses formes à la Terre, façonne une part importante de ses souterrains et de ses reliefs.

Du bassin-versant à l'*hydromonde*

Étant déjà tout un monde, chaque bassin-versant est singulier. Il est fait du cumul de ses particularités propres – ses aisances et ses embûches, ses efforts et lâcher-prises. La manière dont il se déploie, ses vitesses et ses pentes, les vies qui le côtoient… Et derrière cette unité, dans la diversité, l'extraordinaire multiplicité des formes de l'eau : fleuves côtiers et ruisseaux, mares et affluents, torrents et nappes[17].

17. Et des formes plus nombreuses si l'on élargit le spectre : lacs et mers intérieures, glace et grêle, pluie et neige, humidité, buée, nuages…

Chacun et chacune uniques, mouvant et en coévolution. Puis, en dernier ressort, les océans – incommensurables étendues de notre planète Mer. Tout cela participe à se plonger dans l'échelle de l'eau, à s'immerger dans son temps long et lent, ses circularités, ses équilibres dynamiques et son incroyable pouvoir d'irriguer la vie. Pour penser la multiplicité des vies qui se déploient le long des bassins-versants, c'est donc d'*hydromondes* que nous aimerions parler ici. Pour aller plus loin encore dans la compréhension de ce que les réseaux d'eau nous font, nous permettent et nous disent. *Hydromonde* : un ensemble de continuités écologiques, toujours plus qu'humaines, à l'intérieur desquelles nous sommes pris·es, que nous faisons et qui nous font à chaque instant, partout sur la planète. Hélas, nous perdons chaque jour un peu plus la conscience de cette relation d'interdépendance et de soin, ancestrale et existentielle, entre communautés de vie et milieux aquatiques. La conscience de l'*hydromondialité* de toute vie : c'est cela qu'il s'agit de défendre.

Vers de nouvelles politiques de l'eau

À l'heure de l'extension croissante des désastres extractivistes, alors qu'il est si difficile d'enrayer les projets d'exploitation du vivant (dont les barrages sont un symbole parmi tant d'autres), l'eau apparaît comme un enjeu de plus en plus central pour les luttes écologiques et sociales. Face au réchauffement planétaire et aux modifications climatiques qui lui sont corollaires, on peut même penser que les réseaux hydrographiques et les bassins-versants sont les entités grâce auxquelles nous serons à même d'encaisser les chocs à venir, les seules à être suffisamment proches et stables. Les flux de matières fossiles – qui conditionnent par ailleurs d'inadmissibles inégalités néocoloniales à l'échelle mondiale – ne seront pas d'un grand secours pour contribuer à la vitalité écologique des milieux.

Au cours des siècles écoulés, sur tous les continents, les communautés humaines ont co-évolué avec les cours d'eau et les bassins-versants. Il suffit de regarder l'intelligence des systèmes d'irrigation millénaires qui ont assuré et assurent encore la vie des communautés paysannes partout dans le monde ; ou de reconsidérer ce qu'a permis le transport fluvial (non pas dans une perspective d'accélération et de développement, mais plutôt de mobilité douce et de communication inter-régionale) ; il n'y a qu'à se pencher sur les milliers de moulins à eau et sur toutes les manufactures proches des cours d'eau sur Terre (là encore, non pas dans une perspective industrielle, mais plutôt d'économie de subsistance et d'énergies renouvelables artisanales). À nombre d'endroits, on a vu les communautés humaines s'appuyer sur la souplesse et la force des flux d'eau – et parfois même, en les façonnant harmonieusement, les augmenter d'un soupçon supplémentaire d'intelligence et de puissance.

Oui mais voilà : un nombre de plus en plus croissant d'êtres humains (et de vivants à leur suite) est collectivement enfermé dans des rapports utilitaristes – de pure consommation – avec les éléments naturels et les matières premières. Qui aujourd'hui sait exactement d'où vient l'eau de son robinet ? Où les usages en commun de l'eau sont-ils encore en vigueur ? Où trouver des solidarités entre bassins-versants, ainsi que des attachements réciproques entre amont et aval ? Tout cela existe en de multiples endroits du globe. Il s'agit d'une part de cartographier et de défendre ces pratiques et ces savoirs écologiques. Mais aussi d'autre part, de les multiplier sans plus attendre – sans se leurrer sur les *conditions de possibilité* de leur recréation : ces consciences, ces connaissances, ces mobilisations, ces engagements locaux et globaux peuvent-ils être redéployés là où nous vivons, dès maintenant ? Et si oui, à quelles conditions ?

Nous pensons que les politiques communes (et non pas privatisées) de l'eau sont l'un des outils les plus durables, les plus efficaces et les plus transversaux que nous ayons à notre disposition pour l'avènement d'autonomies écologiques locales. En ce sens, repolitiser les usages de l'eau, les remettre au cœur des territoires et des cités est un moyen de prendre soin collectivement de ces ressources – épuisables et destructibles – qui ne devraient jamais être marchandisées. Par là, les communautés humaines pourraient trouver la voie vers un enchâssement rénové, concret, dans les tissus plus larges de nos milieux de vie. Assurer la pérennité et la qualité des eaux est un authentique acte d'autodéfense du vivant.

S'éloigner du soin des eaux, individuellement et collectivement, s'apparente donc à une forme de dévitalisation, ou d'assèchement mental. Tel un pied de tomate hors-sol, le consommateur moderne d'eau *prend*, mais ne *rend* plus rien – plus rien d'autre, dans son cas, que des eaux polluées de savons, détergents et autres polluants qu'il veut voir s'éloigner de lui au plus vite –, sans même voir combien cela est destructeur pour des milieux de vie avec lesquels il n'est plus en prise. Peut-être s'agit-il alors, pour commencer simplement, de se pencher à nouveau sur les noms des fleuves et des cours d'eau ; et d'y voir que le découpage administratif de nombreux pays, dont la France, est historiquement et géographiquement façonné par les cours d'eau. Que leurs noms évocateurs sont aussi des réalités territoriales irriguant les régions et leurs paysages. Pour le cas de la France, 68 de nos 101 départements portent un nom aquatique : Aube et Creuse, Somme et Haute-Garonne, Bouches-du-Rhône, Maine-et-Loire, Val-d'Oise et tant d'autres...

Fédérer les hydromondes

La proposition politique qu'il conviendrait alors de faire est simple sur le papier, mais complexe dans les faits : prendre l'eau au sérieux. Ou, autrement dit, envisager de nouvelles façons de faire communauté – selon chaque tissu de réalités locales, selon chaque *hydromonde* – qui se mettent à la hauteur des sagesses de l'eau. Se placer sur un autre plan, à la fois en deçà des grands projets de maîtrise et de contrôle du vivant, et au-delà des logiques simplificatrices de l'utilitarisme et de l'exploitation. Renouer avec l'intelligence de l'irrigation artisanale pour recomposer des lieux de vie ; restaurer au plus vite tous les littoraux et cours d'eau dévastés par l'élevage intensif et la pollution ; stopper collectivement la contamination des nappes phréatiques et la désertification des terres engendrée par l'agriculture industrielle et ses corollaires ; informer sur l'assèchement généralisé des cours d'eau autant que sur le recul spectaculaire des glaciers – en comprendre les causes et en mesurer les conséquences. En un mot, retrouver l'écologie millénaire des bassins-versants dans nos manières de « faire pays ». Et, à la suite d'Aldo Leopold, tenter collectivement de penser comme un cours d'eau. Développer nous aussi des politiques qui, comme l'eau, font toujours *avec* – contourne, serpente et creuse. Cette eau qui n'est pas sans violence, entre crues et torrents, mais dont les cycles sur le temps long construisent bien plus qu'ils ne détruisent.

Être eau, en somme : *be water*, mot d'ordre depuis des mois de celles et ceux qui résistent pour la liberté, au cœur de la métropole hongkongaise.

C'est à se demander alors ce que peut être une éthique aquatique. Une éthique de l'eau. Ou plus précisément, peut-être, une éthique de bassin-versant. Quels comportements adopter pour vivre *comme* des bassins-versants, en harmonie avec eux ? Quelles règles collectives se donner pour s'approcher au plus près d'un fonctionnement hydro-*logique* ? En réponse, l'image de communautés humaines prises de façon pérenne dans des équilibres et des continuités mouvantes, évolutives, mais toujours assez souples et légères pour ne pas détruire, pour en finir avec ce rôle d'agent·es de l'extinction. Au centre de cela, la question des communs écologiques et l'idée de solidarités de bassins-versants (à l'intérieur de chaque bassin, comme entre eux).

Les bassins-versants transcendent toutes nos frontières (départementales, régionales et nationales) et se déploient le long de limites floues et poreuses – des lignes de partage. À l'imaginaire révolutionnaire de l'Internationale des travailleurs, nous voudrions donc ajouter un supplément aquatique. Pour fédérer les *hydromondes*, plus besoin d'États-nations : les veines de la Terre nous proposent un autre canal, celui d'une Intermondiale des bassins-versants.

Le réseau hydrographique du Danube et du Nil traverse dix pays, celui du Mékong ou de l'Amazone six. En tentant de nous libérer par les eaux, l'écologie se fait décoloniale. Chaque bassin-versant du monde peut ainsi potentiellement vivre au plus près de l'unicité de son milieu ambiant. La biosphère s'avère bel et bien composée de myriades d'*hydromondes*, biorégions à la fois autonomes et solidaires qu'il ne s'agit pas tant de « retrouver » que de construire. L'invention politique que nous proposons ici s'appuie sur des réalités biologiques intangibles. Mais elle s'appuie aussi sur des réalités politiques historiques, car la majorité des peuples autochtones du monde (et nos aïeux d'avant les uniformisations nationales) vit *de facto* le long et avec des bassins-versants – Aborigènes du fleuve Victoria en Australie, Mohicans le long de l'Hudson, Krenaks du fleuve Watu au Brésil.

S'il y a dans tout cela de l'utopie, il n'y a pourtant pas d'idéalisme. En tentant d'ouvrir d'autres voies imaginantes, de nouveaux lits pour nos luttes écologiques et sociales, nous ne souhaitons pas faire abstraction des difficultés et des désastres. Mais, face aux bouleversements multiples en cours et à venir, nous croyons en la nécessité de vivre autrement. Dans un présent et un avenir proche semés d'embûches, nous voulons croire dans le pouvoir du rêve, et des horizons collectifs qu'il ouvre, pour faire naître de nouvelles potentialités depuis l'intérieur des ravages. Nos existences hors-sol ne dureront pas telles quelles bien longtemps, en tout cas pas pour tout le monde. Nous allons donc probablement devoir, d'une manière ou d'une autre, quitter notre confort extractiviste, ne serait-ce qu'en renouant avec des autonomies de subsistance locales. Nous devrons le faire afin de *bien vivre* ; et le faire de manière à ne pas nous laisser enfermer dans la peur, les localismes et les conflits culturels sans fond.

La montée des eaux et les sécheresses qui partout nous guettent, tout comme la dégradation préoccupante de la santé des rivières et des fleuves des quatre coins du monde, appellent à de nouvelles résistances contre les accaparements et les barrages de toute sorte. Les eaux, partout, demandent un arrêt des pollutions, un démantèlement des infrastructures néfastes et un réensauvagement massif, passant par des formes de cohabitation qui respectent les limites entre espèces, et les frontières poreuses et fragiles des *hydromondes*. À ces conditions seules, les veines de la Terre pourront jouer leur rôle de relance de la biodiversité et de l'extraordinaire vitalité du vivant. Notre rôle à nous, humaines et humains, pourrait alors être de « prendre soin de la Terre comme si notre vie, tant matérielle que spirituelle, en dépendait[18] ». Tentons de le faire ensemble, par-delà les clivages nationalistes et culturels, vers une Intermondiale des bassins-versants.

---

18. Car c'est cela être *indigène*, nous dit Robin Wall Kimmerer, biologiste et membre de la nation potawatomi (haut Mississippi). Voir son ouvrage *Braiding Sweetgrass: Indigenous Wisdom, Scientific Knowledge, and the Teachings of Plants*, Milkweed, 2013.

Crédits

Élisée Reclus, extrait du chapitre 19 « Le Fleuve », in *Histoire d'un ruisseau*, Paris : Hachette, 2012 (1869).

Patrick Geddes, « The Geographic Survey of Cities », in *Civics: as Applied Sociology*, Project Gutenberg, 2004, ebook, www.gutenberg.org. Traduction de l'extrait depuis l'anglais par Marin Schaffner.

Kirkpatrick Sale, *L'Art d'habiter la Terre*, traduction de l'anglais par Mathias Rollot et Alice Weil, Marseille : Wildproject, 2020, pp. 90-97.

Hatakeyama Shigeatsu, *La Forêt amante de la mer*, traduction du japonais par Augustin Berque, Marseille : Wildproject, 2019, pp. 146-152.

Deborah Bird Rose, *Oiseaux de pluie*, traduction de l'anglais par Marin Schaffner, Marseille : Wildproject, 2019, pp. 40-44.

Gaston Bachelard, *L'Eau et les rêves*, Paris : Éditions Corti, 1941, pp. 18-19.

Peter Berg et Raymond Dasmann, « Réhabiter la Californie », traduction de l'anglais par Mathias Rollot, *EcoRev* 2019/1 n° 47, pp. 73-84. Copyright Ocean Rush Berg.

Sony Labou Tansi, « L'empire de l'eau », in *Jeune Afrique Économie*, n° 141, mars 1991.

Giuseppe Moretti, « Bassins fluviaux de la conscience », in *Bassins fluviaux de la conscience*, traduction de l'italien par Jacqueline Fassero, Brunswick, États-Unis : Coyote Books, 2006, pp. 1-5.

Gary Snyder, « Accéder au bassin-versant », in *Le Sens des lieux*, traduction de l'anglais par Christophe Roncato Tounsi, Marseille : Wildproject, pp. 229 et 231-233.

Peter Berg, « Growing a Life-Place Politics », in *Raise the Stakes!*, n° 11, 1986, pp. 5-8. Copyright Ocean Rush Berg. Traduction de l'extrait depuis l'anglais par Marin Schaffner.

Collectif des Gammares (Marseille), *La Gazette du ruisseau*, n° 1, 2020.

Vandana Shiva, extrait du chapitre 1 « Les droits sur l'eau : l'État, le marché, les citoyens », in *La Guerre de l'eau : Privation, pollution et profit*, traduction de l'anglais par Lucie Perineau, Paris : Parangon, 2003, pp. 123-128 et 135-139. Copyright Vandana Shiva et Lucie Perineau.

Ailton Krenak, « Du rêve et de la Terre », in *Idées pour retarder la fin du monde* (2019), traduction du portugais par Julien Pallotta, Bellevaux : Dehors, 2020.

Images

pp. 42-43 : Edinburgh University Library Centre for Research Collections: Patrick Geddes Collection, Volume I, A1.13. © The University of Edinburgh.

p. 121 : © Bureau des Guides du GR2013.

Chez Wildproject

Domaine sauvage

Ouvrages fondateurs de la pensée écologiste

Rachel Carson	*Printemps silencieux*
Arne Næss	*Vers l'écologie profonde*
J. Baird Callicott	*Genèse. La Bible et l'écologie*
Vittorio Hösle	*Philosophie de la crise écologique*
J. Baird Callicott	*Éthique de la terre*
R. Murray Schafer	*Le Paysage sonore*
Kinji Imanishi	*Le Monde des êtres vivants*
J. Baird Callicott	*Pensées de la terre*
Rachel Carson	*La Mer autour de nous*
Pierre Restany	*Le Journal du río Negro*
Aldo Leopold	*La Conscience écologique*
Volubilis	*Jardiner le monde*
Kenneth Strong	*Un bœuf dans la tempête. Tanaka Shozo*
Imanishi Kinji	*La Liberté dans l'évolution*
Hugh Raffles	*Insectopédie*
Baptiste Morizot	*Les Diplomates*
Arne Næss	*La Réalisation de soi*
Wendell Berry	*La Santé de la terre*
Gary Snyder	*Le Sens des lieux*
David Grémillet	*Daniel Pauly. Un océan de combats*
Hatakeyama Shigeatsu	*La Forêt amante de la mer*
Kirkpatrick Sale	*L'Art d'habiter la Terre*
Murray Bookchin	*L'Écologie sociale*
Baptiste Morizot	*Raviver les braises du vivant*

Poche

Petite bibliothèque d'écologie populaire

Deborah Bird Rose	*Vers des humanités écologiques*
Isabelle Stengers	*Résister au désastre*
Emmanuel Delannoy	*L'Économie expliquée aux humains*
Collectif	*Le livre est-il écologique ?*
Institut Momentum	*Le Grand Paris après l'effondrement*
Rachel Carson	*Printemps silencieux*
Barry Lopez	*Réécrire l'Amérique*
Julien Gravelle	*Nitassinan*
Kenneth White	*Gary Snyder*
J. Baird Callicott	*Genèse*
Mathias Rollot et Marin Schaffner	*Qu'est-ce qu'une biorégion ?*

Le Monde qui vient

Emmanuel Delannoy	*Permaéconomie*
C. & R. Larrère	*Bulles technologiques*
Ghassan Hage	*Le Loup et le musulman*
Roxanne Dunbar-Ortiz	*Contre-Histoire des États-Unis*
Sarah Vanuxem	*La Propriété de la terre*
Marin Schaffner	*Un sol commun*
Estienne Rodary	*L'Apartheid et l'animal*
R. Mathevet et A. Béchet	*Politiques du flamant rose*
Amitav Ghosh	*Le Grand Dérangement*

Tête nue

Des histoires de lieux

Jim Harrison & Gary Snyder	*Aristocrates sauvages*
Julien Gravelle	*Nitassinan*
Michel Samson	*Une frontière française*
Paul-Hervé Lavessière	*La Révolution de Paris*
Julien Gravelle	*Musher*
Pierre Schoentjes	*Ce qui a lieu. Essai d'écopoétique*
Robinson Jeffers	*Le Dieu sauvage du monde*
Kenneth White	*Le Gang du Kosmos*
Jean Salmona	*Une fugue de Bach*
Robert Richardson	*Henry David Thoreau. Biographie intérieure*
Pierre Madelin	*Carnet d'estives*
Pascal Menoret	*Royaume d'asphalte*
John B. Jackson & Peter Brown	*Habiter l'Ouest*
Kenneth White	*Une voix dans le supermarché*
Tadeusz Konwicki	*Chronique des événements amoureux*
Matthieu Duperrex	*Voyages en sol incertain*
Yvan Detraz	*Zone Sweet Zone*
Collectif	*Le Sentier du Grand Paris*

À partir de Marseille

Michel Samson & Gilles Suzanne — *À fond de cale : un siècle de jazz à Marseille*

Julien Valnet — *M.A.R.S. : histoires et légendes du hip-hop marseillais*

Le Cercle des marcheurs — *Topoguide du GR®2013*

Geoffroy Mathieu & Bertrand Stofleth — *Paysages usagés : 100 points de vue depuis le GR®2013*

L'agence Touriste — *Comment se perdre sur un GR®*

Kristine Thiemann — *À Vitrolles*

Youssouf Djibaba — *Comme des rois*

Philippe Pujol — *French Deconnection. Au cœur des trafics*

Brahim Chikhi et Rachid Santaki — *La France de demain*

Claire Duport — *Héro(s). Au cœur de l'héroïne*

Michel Samson — *Marseille en procès*

Hors-collection

François Génot — *Les Îles*

Matthieu Dumont — *Le Petit Livre des grands barbus*

Emmanuel Delannoy — *L'Économie expliquée aux humains*

Marc Molk — *Plein la vue*

Urbain, trop urbain — *Périphérique intérieur*

Cabanon Vertical — *L'Usage des formes*

Jean-Luc Brisson — *Politique des nuages*

Collectif — *Refuges périurbains. Un art à habiter*

Achevé d'imprimer sur les presses de Sepec (01)
pour le compte des éditions Wildproject.

*Livre imprimé et relié en France
sur papier Rebecca Bulk Clairbook (Clairefontaine)
fabriqué en France à partir de fibres vierges provenant de forêts certifiées FSC.*

Numéro d'impression 12614230312

Dépôt légal février 2021

IMPRIM'VERT®